Paul Gründling

Das Bauornament

REPRINT – VERLAG
LEIPZIG

Die zum Teil geminderte Druckqualität ist auf den
Erhaltungszustand der Originalvorlage zurückzuführen

Volker Hennig, Goseberg 22-24, 37603 Holzminden
ISBN 3-8262-0706-8

Reprint der Originalausgabe von 1907
nach dem Exemplar der Sächsischen Landesbibliothek –
Staats- und Universitätsbibliothek Dresden
(Signatur: 4 A 2605)

Lektorat: Andreas Bäslack, Leipzig
Einbandgestaltung: Jens Röblitz, Leipzig
Gesamtfertigung: Westermann Druck Zwickau GmbH

Das Bauornament

in seiner Bedeutung und Anwendung

Ein Handbuch zum praktischen Gebrauch
beim Entwerfen von Bauornamenten

Herausgegeben von

P. Gründling

Architekt

Mit 120 erläuternden Tafeln im Text

Leipzig 1907

Baumgärtner's Buchhandlung

Vorwort.

Mit diesem Werke beabsichtigt der Verfasser einerseits die Eigenart des Ornaments durch die verschiedenen Kunstepochen hindurch bis auf die Neuzeit in Beispielen vorzuführen, andrerseits die Verschiedenheit der praktischen Anwendung desselben für Bau- und Dekorationszwecke darzulegen.

Ansätze zu Ornamenten finden wir bereits in der Verzierung von Gegenständen bei Völkern, die die ersten Spuren von Kultur aufweisen, wie bei den Indianern und anderen Urvölkern. Diese erste Verzierungskunst kam zum Ausdruck vornehmlich in der Textilkunst, z. B. als Zickzacklinie bei der Naht, als Saum der Felle und Decken, als geradlinige, viereckige und kreisförmige Aneinanderreihung, später bei den Griechen und Römern in Form des Mäanders, der Wellenlinie (Wasserwoge), der Ranke etc. und in Verbindung dieser geometrischen Figuren mit den natürlichen Blatt- und Pflanzenformen, angewandt auf Bauteile und im Kunstgewerbe. Die weitere Entwickelung ergab die Zeichnung des Ornaments auch aus anderen gerad- und krummlinigen Figuren, sowie die naturalistische und symmetrisch-stilistische Behandlung der Verzierungskunst, wobei die Verfeinerung der künstlerischen Anschauung dem Ornament ein jeweiliges bestimmtes Gepräge gab, welches wir mit dem Ausdruck „Stil" oder „Stilrichtung" für diese Zeitperioden bezeichnen.

Das Altertum umfaßt die Kunst der Ägypter, Assyrer, orientalischen Völker, sowie der Griechen und Römer.

Das Mittelalter die altchristliche, byzantinische, romanische und gotische Kunstepoche etwa bis 1500.

Die Neuzeit die Formen der Renaissance, des Barocks, des Zopf- und des Empirestils.

Im vorliegenden Buche ist nun vorgeführt, in welcher Weise in der Baukunst diese Formensprache der Ornamentik an den einzelnen Bauteilen zur Anwendung gekommen ist, es ist aber auch die Nutzanwendung hieraus für den einzelnen Fall beim Entwerfen von Ornamenten gegeben. Dabei sind nicht nur die historischen Stilarten berücksichtigt, auch für die neuesten Erscheinungen der Kunstformen sind Beispiele gegeben, die wenigstens eine Grundlage für weiteres Schaffen abgeben können.

Da das Buch mehr zum Studium wie als eigentliches Vorlagewerk dienen soll, ist nur eine schematische Zusammenstellung der einzelnen

Ornamentteile auf den betreffenden Tafeln gegeben. Der Maßstab der Figuren mußte hierbei ein kleiner werden, ist aber hinreichend groß, um danach Zweckentsprechendes verwerten und Neues entwerfen zu können. Der Text ist zur besseren Übersicht zwischen die Tafeln eingeschaltet. Für den praktischen Gebrauch ist der Inhalt nach Gegenständen geordnet, so daß die Tafeln mit den Darstellungen für allgemeine Nutzanwendung, wie größere Architektursysteme und Bauteile, denjenigen mit den Einzelornamenten vorangehen, um zu zeigen, wie verschiedenartig ein und dasselbe Ornamentstück stilistisch behandelt worden ist und wie es für die neueren Kunst-Anschauungen behandelt werden kann.

Der ersten Abteilung, der geometrischen und naturalistisch-stilistischen Formenentwickelung des Ornaments, liegt die meines Erachtens einzig richtige Auffassung zu Grunde, nämlich die des Buches „Das technische Zeichnen“ von Guido Schreiber, 1861, welche sich übrigens auch bei anderen Lehrbüchern über Ornamentik, z. B. bei F. Sales Meyer, Handbuch der Ornamentik, findet; ich habe hierin weder etwas Neues gebracht, noch bringen können, ebenso wie ich bei den Darstellungen der zweiten Abteilung die besten vorhandenen Beispiele des historischen Ornaments gegeben habe, welche auch anderwärts benutzt worden sind und sich z. B. finden in den „Kunsthistorischen Bilderbogen“, bei „Lübke“, im „Ortwein“, in den „Muster-Ornamenten“, der „Gewerbehalle“ und im „Glazier“ etc.

Der Hauptwert meines Buches jedoch soll in der Zusammenstellung der Einzelornamente und in der Vorführung ihrer Anwendung für den praktischen Gebrauch bestehen, wobei die betreffende Figur nur einen Anhalt für den Zeichner abgeben soll. Aus diesem Grunde ist dem Buche das Kapitel: „Entwerfen der Ornamente“ als Abteilung III angefügt, aus deren Figurentafeln 102—120 die Art der passenden Ornamentierungsweise für die betreffenden Architektur-Teilstücke ersichtlich ist. Bei Tafel 107, 108 ist in größerem Maßstabe die nötige Anleitung zum Ornament-Entwurf bezüglich Raum, Größe, Richtung und Stilart gegeben. Ferner zeigen die Figuren auf Tafel 111—117 Ornamente speziell für Glas, Holz und Eisen, und endlich geben Tafel 118 Fig. 1—3 eine Zusammenstellung mustergültiger Ornamentierung für Hallen, Tafel 119, 120 aber Beispiele der modernen Ornamentierung.

Leipzig, im Oktober 1906.

Der Verfasser.

Inhalts-Verzeichnis.

I. Abteilung.

Entwickelung der Grundformen des Flachornaments.

II. Abteilung.

Das historische und moderne Einzelornament für Bauformen (Systeme und Einzelheiten).

A. Außen-Architektur.

Seite

Architektursysteme.

Einzelteile bezw. Einzelornamente.

B. **Innen-Dekoration.**

III. Abteilung.

Entwerfen des Ornaments. Verwandtes Kunstgewerbe. Mustergültige Ornamentierung und Flachornamente der Neuzeit.

Druckfehlerverzeichnis.

Seite	50	Zeile	19	von	unten	lies	Tafel 111 (statt: Tafel 107).
„	81	„	10	„	oben	„	„ 18 (statt: Tafel 16.)
„	130	„	3	„	oben	„	„ 67—69 (statt: Tafel 67 und 69).
„	133	„	9	„	unten	„	„ 54 (statt: Tafel 53).
„	160	„	11	„	oben	„	„ 52 (statt: Tafel 36).
„	160	„	9	„	unten	„	Fig. 16 (statt: Fig. 16 und 8).

Einleitung.

Das Ornament, d. h. der künstlerische Schmuck (Ornamentierung oder Verzierungskunst) und dessen Anwendung auf alle Gegenstände der Kunst ist natürlich ebenso im Allgemeinen ein mannigfaches, wie für Zweck und Material des Gegenstandes verschiedenes und ist seine Kenntnis schon insofern für den ausübenden Künstler oder Zeichner von großer Wichtigkeit, als die verschiedenartige Ornamentierung keineswegs eine willkürliche sein darf. In Betracht kommt hauptsächlich die Ornamentierung an den Werken des Kunstgewerbes und der Baukunst, speziell für den Zweck des vorliegenden Buches an Werken der letzteren.

Je nach der geometrischen Grundform der Schmuckteile eines körperlichen Gegenstandes oder Bauwerkes unterscheidet man Körper-, Flächen- und lineare Ornamente, indem das Ornament selbst körperlich erhaben, d. h. reliefartig, also plastisch aus der Fläche des Schmuckteiles heraustretend oder flach in dieser liegend erscheinen kann — Reliefornament und Flachornament. Beide Arten finden bei allen Kunstwerken Anwendung, im gesamten Kunstgewerbe sowohl als bei Architektur- und Bauwerken.

Die Ornamente sind ihrem Wesen und ihrer Gestaltung nach entweder der geometrischen Zeichenform entlehnt: geometrische Ornamentformen, z. B. die maurischen Flächenmuster oder das gotische Maßwerk Taf. 6, oder sie stammen von Nachbildungen der Pflanzen- und Tierwelt und zeigen sich solchergestalt als Blumen- und Rankenwerk oder als allegorische Tierformen, meist in Verbindung mit ersteren, aber auch als freie Masken, Tier- und Menschenköpfe, z. B. als Verzierung von Konsolen, Tragsteinen, Bogenschlußsteinen etc. Alle drei Gattungen von Ornamenten können für sich gesondert als Schmuckteile erscheinen, aber auch kombiniert angewendet sein, je nach Zweck und gewünschter Wirkung und Ausdruck des zu schmückenden Teiles eines Bauwerkes oder sonstigen Kunstgegenstandes. Endlich werden ornamental, sowohl als plastische wie als Flachornamente, sogenannte „Embleme", verwendet, d. h. Symbole oder Sinnbilder für Kunst und Wissenschaft, wie z. B. die Geräte und Instrumente der Malerei, Musik, Architektur, Skulptur, Chemie, Maschinenkunde etc. Hierher gehören z. B. die Darstellungen von Paletten mit Pinseln, Zeichenstiften, Zirkeln, Hämmern, Meißeln, Blasinstrumenten, Geigen, Flöten, Retorten, Rädern, Wappenschildern, Taf. 15. Meist werden diese „Embleme" in ornamentaler Gruppierung und Verbindung mit Band- und Rankenwerk dargestellt. Man unterscheidet also 4 Hauptgruppen von Ornamenten:

1. Geometrische Ornamente.
2. Naturalistische und stilistische Pflanzenornamente.
3. Naturalistische und stilistische Tierformenornamente.
4. Künstliche Formen und Emblemornamente.

Zu den allegorischen Tierformen werden auch Darstellungen von Menschenleibern wie Sphinxe, Engelgestalten etc. in mehr oder minder freier Verwendung und Kombinierung mit Ranken- und Pflanzenornament gerechnet, und schließen sich diese Kompositionen mehr oder weniger eng dem geometrischen Grundgedanken an, je nachdem das Ornament mehr naturalistisch oder stilisiert behandelt ist.

Die naturalistische Auffassung eines Ornaments — hierbei ist nur an die beiden Gattungen des Ranken- und Pflanzenornamentes und des animalischen gedacht — besteht in der zeichnerischen Nachahmung der Naturpflanzen, Blumen, Blätter und Ranken, sowie von Tier- und Menschenleibern, Köpfen etc., wie die Natur sie zeigt, während die stilistische Darstellung dieser Gebilde das Zurückführen derselben auf Grundformen zeigt, in denen eine gewisse Gesetzmäßigkeit unter Weglassung des Natürlich-Zufälligen und Willkürlichen vorwaltet. Bei Stilisierung eines Pflanzen-Ornaments muß das Pflanzenmotiv eine strengere Regelmäßigkeit erhalten, und zwar im symmetrisch-zeichnerischen bezw. plastischen Charakter. Hierdurch schließt sich das Ornament der architektonischen Form (dem Rahmen) als Ganzes organisch besser an und es bleibt die geometrische Grundform vorherrschend, wodurch die Einzelformen des zu wählenden oder zu entwerfenden Ornaments dem betreffenden „Stil" (Formenausdrucksweise) richtiger angepaßt werden können. So ist z. B. der Akanthus, Taf. 9, Fig. 30, 31 und Taf. 10, Fig. 1—4, welcher gleichzeitig die Pflanzenform „plastisch" am schönsten und deutlichsten veranschaulicht, Taf. 43, Fig. 1 und 2 am korinthischen Kapitäl stilisiert. Sowie die Stilisierung der griechischen Akanthuspflanze und Ranke, Taf. 11 und 12, ist nun bei den verschiedenen Völkern und in den verschiedenen Zeitepochen die Stilisierung des Pflanzenornaments überhaupt mannigfach ausgebildet und nähert sie sich jeweilig sogar der geometrischen Grund- und Ornamentform, z. B. beim ägyptischen und assyrischen Lotosfries, Taf. 10, Fig. 9, 10, dem romanischen, byzantinischen und besonders maurischen Ornament, teilweise auch dem der deutschen Renaissance; Taf. 36, Fig. 16 und 30, wobei oft die Palmetten-Lotosblume, Knospen oder Blattfigur durch geometrische Lineamente verbunden ist. Hierdurch ist zwar eine etwas gebunden starre und steife Wirkung erzielt, aber meist durch schöne Farbenerscheinung ausgeglichen. Klassisch stilisiert erscheint auch in Blumen- und Fruchtgewinden die Ornamentik der italienischen Renaissance, Taf. 36, Fig. 31, dagegen neigt die Ornamentierung im Barock- und Zopfstil wieder mehr zum naturalistischen Schnörkel und sinkt endlich zum ausdruckslosen Palmenpflanzen- und Muschelwerk herab. Letzteres ist dann für diese Stilepochen charakteristisch. Taf. 76, Fig. 20.

Das stilisierte Tierornament zeigt sich zuerst im Altertum in Darstellungen von Ochsenschädeln, z. B. bei den griechischen Tempelfriesen, Taf. 14, Fig. 1 und Taf. 39, Fig. 3; ferner als Pferdeköpfe am Giebel altsächsischer Bauten, Stier- und Greifenköpfe an assyrischen Säulenkapitälen, Taf. 42, Fig. 5; Chimären an griechischen Tempelfriesen, Taf. 14, Fig. 5 und 7 und Taf. 15, Fig. 5. Adler, Drachen, Delphine und Löwengebilde kommen stilisiert bei allen Völkern in allen Zeit- und Stilepochen vor, an Kapitälen, als gotische Wasserspeier, Taf. 13, Fig. 5—10, Taf. 14, Fig. 5, 8—11, als Wappentiere u. s. f., während die menschliche Gestalt mehr im Ornament der Renaissance verflochten erscheint. Taf. 74, Fig. 5.

Streng stilisiert sind besonders die Ornamente der Bauwerke und Gerätschaften des klassischen Altertums, naturalistisch gebildete Ornamente sind dagegen der Spätgotik, dem Barock und Rokoko eigen. Farbig behandelte Ornamente sind sowohl beim plastischen (Relief-)Ornament angewendet, als auch beim Flachornament, insbesondere beim letzteren. Die farbige Behandlung von Ornamenten nennt man Polychromie, und war dieselbe schon bekannt und angewendet im Innern wie Äußern an den Marmortempeln der Griechen, wobei die zu bemalenden Flächen vorher mit einem Stucküberzug versehen wurden.

Die einfachsten Ornamente befinden sich als Metallgravierungen auf Gerätefunden der prähistorischen Metallzeit und an Geweben und Nähten der Urvölker, sowie auf Tonscherben in Troja und Mykenä und bestehen dieselben in gerade- und krummlinigen geometrischen Verzierungen, Zickzack- und Wellenlinien, Punktierungen und Spiralen. Auf altägyptischen und altgriechischen Tongefäßen finden sich später

Tiernachbildungen in Linien und erst bei den Assyrern finden sich neben linearen Ornamenten und Bandverschlingungen bereits Blumenrosetten und Palmettenbildungen in stilistischer Behandlung, ebenso beim ägyptischen Lotosblumenornament. Stilistische Tiernachbildungen folgen, während die Ornamente der Weberei und Nahtstruktur meist noch geometrischer Natur sind.

Erst die griechische Kunst, deren Ornamentik auf der vegetabillinearen Asiens (Ägyptens, Assyriens) basiert, bildete dieselbe zu einem strengen Stilsysteme aus, indem jedes Ornament sich dem Charakter des zu verzierenden Kunstgegenstandes in Form, Farbe und Maßstab anpassen und unterordnen mußte. Die griechische Ornamentstilisierung vegetabilischer Elemente ist die Umbildung der einzelnen Erscheinung (Blumen, Ranke etc.) zu einem feststehenden Typus. Der Mäander und die Palmette, Taf. 35, 11 und 41, sind die Hauptelemente der linearen und der vegetabilen Ornamentik. Etrusker und Römer bildeten dieses Ornamentsystem zu reichster Entfaltung aus, welche in den aufgefundenen Wandmalereien von Pompeji und den römischen Kolumbarien gipfelte. Diese im 15. Jahrhundert aufgefundene Ornamentik bildete die Grundlage des Stiles der italienischen Renaissance, während in der byzantinischen und orientalischen Kunst die lineare geometrische Form in Verbindung mit der vegetabilischen unverkennbar hervortritt bei gänzlichem Verzicht auf die Nachbildung des Menschlichfigürlichen. Um so glänzender war die Farbenharmonie dieser Ornamentik, hierher gehört auch die Miniatur-Buchstabenmalerei.

Alles Obige zusammengefaßt, versteht man unter Stil oder Stillehre die Eigentümlichkeiten gegenseitiger Beziehung von Material, Zweck und Form, welche für die Ornamentierung maßgebend sind, je nach den verschiedenen Zeitepochen und Völkern, und stehen Stillehre und Ornamentik also in unmittelbarem Zusammenhange miteinander.

Die Kenntnis dieser Stillehre oder des Stilausdruckes der Formen der Zeitepochen und bei den verschiedenen Völkern ist natürlich notwendig für jeden schaffenden Künstler und erst mit Hilfe dieser Grundlagen kann von einem verständnisvollen Entwerfen von Ornamenten für Zweck und Gegenstand die Rede sein; einem heutzutage unerläßlichen Faktor für alle Bau- und Kunstgewerbebeflissenen, wenn dieselben die gestellten Aufgaben beherrschen wollen. Beim Ornamententwerfen kommt es nicht nur auf die Eigenart, d. h. Stil- und Formgebung des Ornaments an, sondern auch besonders noch auf den Größenmaßstab, Raumeinteilung und damit zusammenhängende Wirkung des Ornaments in einer gewissen Entfernung vom Beschauer. Ebenso ist die Wahl des Ornaments für Raumausfüllung, ob mehr naturalistischer oder geometrisch stilistischer Natur, und nach welcher Hauptrichtung liegend, ob eurhythmisch, symmetrisch, stehend oder liegend etc. besonders wichtig. Es ist daher der vorliegende Inhalt in die drei Abteilungen zerlegt:

I. Abteilung: Entwickelung und Grundformen des Ornaments

A. auf geometrischer Grundlage,

B. auf naturalistischer Grundlage, entstehend
- a) aus Blatt- und Pflanzenformen,
- b) aus tierischen Naturformen,
- c) aus künstlichen Formen.

II. Abteilung: Das (historische und moderne) Einzelornament in Hinsicht auf seinen an bestimmter Stelle zu verwendenden Zweck, vornehmlich bei Architekturteilen als Bänder, Bekrönungen (freie Endigungen nach oben und unten), als Säulen und Stützen (Pilaster) und im begrenzten und unbegrenzten Flächenornament (Umrahmungen, Füllungen), auch in plastischer Anwendung auf die Formen des Dreiecks, Quadrats und des Kreises.

III. Abteilung und Anhang: a) Entwerfen des Ornaments im gegebenen Raume und für bestimmten Zweck.
- b) Ornamente für Glas, Holz und Eisen.
- c) Moderne Flachornamente.

Für jedes freie Entwerfen bildet das Linearzeichnen die erste Grundlage in den technischen Künsten und ist es eine Vorstufe für das Ornamentzeichnen, welches sich aus dem symmetrischen gerade- und krummlinigen Figurenzeichnen und Zirkelzeichnen entwickelt. Die aus dem Linear- und Zirkelzeichnen entstehenden Figuren sind „geometrische Konstruktionen“, d. h. geometrisch gleichmäßige und gleichteilige (symmetrische) oder ungleichteilige (unsymmetrische) Figuren, aus denen sich Verzierungen oder Ornamente zusammensetzen lassen, eben auf dieser geometrischen Grundlage. Diese geometrischen Ornamente bilden sich also aus fortlaufenden Systemen und Aneinanderreihung von geraden und krummlinigen (kreisförmigen) Figuren, deren Herstellung mechanisch auf rein konstruktivem Wege mittels Zirkel und Lineal geschehen kann, z. B. Taf. 1, Fig. 1—26 und 27 unter Mithilfe des freien Handzeichnens. Die Darstellungen auf Taf. 1 bilden gewissermaßen die Elemente des geometrischen Ornamentzeichnens, an welches sich das Zeichnen des freien künstlerischen stilistischen und naturalistischen Pflanzen- und Tierornaments auf dem Wege des freien Handzeichnens anschließt.

Während nun die Fertigkeit im geometrischen Ornamentzeichnen sich durch die Handhabung mit Lineal und Zirkel in längerer Übung leicht erlangen läßt, erfordert die Nachbildung naturalistischer Ornamentformen größere Übung im Freihandzeichnen. Die letztere wird am besten und schnellsten erreicht, wenn man zunächst die Umrißlinien einer Blume etc. um deren Zacken, Spitzen und Kanten entwirft, und danach die so entstandene Figur wieder in einzelne Teilfiguren zerlegt, welche den Hauptrichtungen und natürlichen Teilungen der freien nachzubildenden Figur oder Gegenstand, entsprechend folgen. Dabei werden sich stets lineare Figuren bilden, welche auf geometrischer Grundlage beruhen, und die Hilfsmittel und Hilfsfiguren für die Ausführung der freien Handzeichnung darbieten. Die Taf. 9 und 10 mit den Darstellungen der natürlichen und stilistischen Blattbildungen bieten das beste Beispiel für das soeben Gesagte. Diese Ausführungsweise gilt aber nicht nur für das Flachornament, sondern findet ebenso Anwendung beim Reliefornament, dessen Konturen (Umrißlinien) auf dieselbe Weise zuerst bestimmt werden müssen, ehe die Schattierung, d. h. die Darstellung der Licht- und Schattenwirkung, bewerkstelligt werden kann.

Diese Grundregeln des Ornamentzeichnens sind aber nicht nur bei der bloßen Nachbildung von Ornamenten durch Vorlagen, Modelle oder natürliche körperliche Gegenstände zu beachten, sondern auch beim späteren selbständigen Komponieren und Entwerfen von Ornamenten, weil nur auf diese Weise der Sinn und die richtige Erkenntnis der Größenverhältnisse eines zu wählenden Ornaments für einen bestimmten Raum nach Form und Größe gebildet und erlangt werden kann.

In **Tafel 1,** Fig. 1—18, sind die einfachsten Darstellungen geometrischer Figuren gegeben, welche als Grundlage für geometrische Ornamentmotive gelten können.

Fig. 1 stellt eine Ergänzung eines rechtwinkligen Dreiecks zum gleichschenkligen dar, mittelst Verdoppelung von *a b* und *c* und Verbindung mit *d*.

Diese Dreiecksfigur kann als Vorbild für die einfachste geometrische Ornamentform, der sogenannten „Zickzacklinie“ dienen, wie dieselbe sich auch bei der Naht der Gewebe als Faden zeigt, der schräg von einem Teil zum andern geführt ist.

Fig. 2. Darstellung des gleichseitigen Dreiecks über *a b* als bekannt vorausgesetzt.

Die Ergänzung des halben Winkels von *c a d* durch *c a f* bildet

Tafel 1. Geometrische Grundformen.

den rechten Winkel *f a d*, auf dessen Schenkel *a f* in *a e* bis *a d* die zweite Seite zu einem Quadrat abgeschnitten ist. Die Fig. 1 und 2 sind gleichzeitig Hilfs- und Grundfiguren zu Netzen wie Fig. 16, 20, Taf. 2.

Fig. 3—18. Die Darstellungen dieser einfachen geometrischen Figuren sind mittels Hilfslinien und Zirkelschlägen zu bewirken.

Auf der Ergänzung bei Fig. 2 beruht z. B. die Vollendung des ganzen Quadrates, Fig. 3, *a c d e*, welches durch Hälften wieder in 4 kleinere Quadrate geteilt ist. Hieraus entsteht das Quadratnetzmuster als Hilfsfigur für allerhand Mäander und Flechtbänder, welche in den Figuren auf Taf. 2 folgen, z. B. 1—12 daselbst.

Fig. 4 zeigt das schräg gestellte Quadrat, um welches im Mittelpunkte *e* ein Kreis geschlagen ist. Hilfsfigur für schräg gestellte Netze, z. B. Fig. 14 und 15, Taf. 2.

Fig. 5 ist die Verdoppelung zweier Quadrate übereinander, deren Diagonalen *a d* und *b c* Dreiecke zu Netzfiguren ergeben, wie bei Fig. 16 und 20, Taf. 2.

Fig. 6 gibt die Darstellung eines symmetrisch unregelmäßigen Sechseckes, zusammengesetzt aus der Figur des unregelmäßigen Winkels *b d f g* (Trapezes) und zwei gleichmäßig angesetzten gleichen Dreiecken *a b g* und *d e f* als Hilfsfigur für naturalistische und stilistische Blattformen, ähnlich wie etwa zu Fig. 10 und 12, Taf. 9.

Fig. 7 und 8 sind Kreisteilungen, mit strahlenförmig vom Zentrum nach den Teilungspunkten der Peripherie (dem Umkreise) gezogene Linien als Hilfsfiguren für federförmige Blattformen, wie etwa Fig. 22, Taf. 9.

Fig. 9 und 10 zeigen die Entstehung der stehenden und liegenden Ellipse, welche hervorgebracht wird, wenn in einem um ein Quadrat beschriebenen Kreise die Rechtecksfigur projiziert wird. Diese elliptische Linie kommt als Hilfs- und Grundfigur in sehr vielfacher Gestaltung vor bei allerhand Ranken und Blattformationen, z. B. Fig. 1—6 etc., Taf. 9.

Fig. 11 zeigt Doppelellipsen bei ineinander eingezeichneten Rechtecken. Die Spirallinien, Fig. 12—14, deren Herstellung mit dem Zirkel oder freihändig geschehen kann, bilden die Grund- und Hilfsfiguren für alles ornamentale Rankenwerk.

Die Eilinie, Fig. 15, besteht oberhalb aus dem Halbkreise *a b* um *c*, und unterhalb aus den Kreisstücken *a d* und *b f* aus *a* und *b* und *d f* aus *e*, den Eckpunkten des in einen Kreis eingeschriebenen Quadrats. Als Hilfsfigur dient dieselbe ebenso wie die Ellipse, z. B. Fig. 5, Taf. 9 (hier länger gezogen).

Die Fig. 16—18 des gleichzeitigen Acht-, Fünf- und Sechsecks im Kreise dienen als Hilfs- und Teilungsfiguren ebenfalls für allerhand Blatt- und Pflanzenformen, auch als sternförmige Teilungen, z. B. Fig. 10 und 12, Taf. 9. Fig. 19 und 26 sind die Hilfsfiguren als Strahlen in den Kreis gezeichnete Teilungen für Fig. 20—25 und 27. Fig. 20—25 stellen kristallisierte Schneeflockenfiguren (nach Semper) dar, als Beispiele der durch die Natur bewirkten eurhythmischen, strahlen- oder fächerförmig gebildeten Ornamentformen, welche letztere noch deutlicher in Fig. 27, der ausgebreiteten Blüten- und Blätterrose hervortritt. Eurhythmie ist das System der zentral um einen Mittelpunkt strahlenförmig gebildeten oder gruppierten Einzelformen zu einem Ganzen.

Ebenso wie die dreiecksförmige Naht das Vorbild für die ornamentale Zickzacklinie war, ist die Wasserwoge dasselbe für die Wellenlinie und daraus entstandene Rankenlinie gewesen, für letztere waren aber auch pflanzliche Vorbilder vorhanden, wie z. B. die Weinlaubranke. Das natürliche Flechtwerk gab das Vorbild zu den Quadratnetzmustern in gerader wie schräger Lage und der natürlich geflochtene Zopf war die Grundfigur zu allerhand ornamentalen Flechtbändern. Die Drehung des gabelartigen Zirkels um eine Spitze ergab die Kreislinie als Hilfsfigur zu der ornamentalen Rosette mit Einzeichnung der gewünschten Teilungsstrahlen auch für regelmäßige Vielecke als Vorbild der Blätterteilung der Rose und Sternblume.

Die geometrischen Grundformen der Fig. 1—11 und 16—18 entwickelten sich zu den Kunstformen der geometrischen Ornamente, wie solche besonders die reiche Flachornamentik der orientalischen Völker und später das gotische Maßwerk zeigt. Dem geometrischen Ornament liegt mehrfach die netzförmige Hilfsfigur zu Grunde und folgt diese nunmehr zuerst in Abteilung I der Flachornamente.

I. Abteilung.

Entwickelung der Grundformen des Flachornaments.

A. Auf geometrischer Grundlage,

d. h. aus den Formen regelmäßiger und unregelmäßiger geradliniger und krummliniger Figuren, aus deren Wiederholung (Aneinanderreihung) und wechselseitiger Zusammensetzung.

Man kann im allgemeinen drei Gruppen von geometrischen Ornamenten aufstellen:

1. Bänder, durch Aneinanderreihung einzelner Figuren gebildet;
2. abgegrenzte (begrenzte) Figuren (Füllungen).
3. unbegrenzte, nach allen Seiten hin in gleichmäßigen Figuren sich ausbreitende Flachmuster. Alle drei Arten erfordern eine gewisse geometrische Einteilung, Hilfskonstruktion oder Netz, in welche die einzelnen Figuren markiert werden.

Diese sogenannten Netzmuster finden die größte Anwendung bei jeder Flächendekoration von Wänden (als Tapeten, gemalt oder als Stuckmuster), bei Parkett- und Mosaikfußböden, bei Fensterverglasungen u. dgl. Als Hilfsfiguren hierzu dienen als die gebräuchlichsten die Quadrat- und Dreiecksnetze, aus deren Kombinierung alle anderen polygonartigen Netzfiguren entstehen.

Das Quadratnetz entsteht durch einfache Aneinanderreihung der Einzelfigur wie bei Fig. 1, Taf. 2. Auf gleiche Weise entsteht das schräge Quadratnetz, Fig. 14, Taf. 2. Hierbei braucht man nur von den gleichen Teilungen auf einer geraden Linie nach rechts und links Parallelen unter 45° zu ziehen.

Bei abwechselnder Teilung entstehen die Figuren 15 und 17 als geradlinige und über Eck gestellte Netzfiguren.

Das Dreiecksnetz, Fig. 16, ist die Aneinanderreihung der Einzelfigur des gleichseitigen Dreiecks und wird durch Parallellinien, wie bei Fig. 14, Taf. 2, bewirkt.

1. Netze und Bandmotive. Taf. 2 und 3, geradlinig, krumm- und gemischtlinig, Fig. 1—27 und 1—25.

Die vorbeschriebenen Netze (Maschen, hier Hilfslinienverbindungen) bilden die Unterlage zur Aufzeichnung und Einzeichnung von geometrischen Figuren, welche als fortlaufende Bänder oder Muster die schon erwähnte Verwendung finden.

Die Bandmotive entstehen einfach durch geradlinige oder krummlinige (kreisförmige) und gemischtlinige Verbindung gleichmäßig angemerkter Punkte in den vorher aufgezeichneten Netzfiguren.

Tafel 2. Fig. 1. Gewöhnliches rechtwinkeliges Quadratnetz, in welches durch Zuhilfenahme von Diagonalen eine Kreuzfigur, sowie die beiden einfachsten geradlinigen Bänderfiguren (Mäander) eingezeichnet sind.

Fig. 2—4. Zickzacklinien sowie Dreiecks und Rautenbändermotive.

Fig. 5. Maurisches Bandmotiv in Quadratnetz mit Diagonalen.

Fig. 6 wie Fig. 1 in einfaches Quadratnetz eingezeichnete griechische Mäanderbänder in reicherer Form.

Fig. 7—10 wie Fig. 2—4.

Fig. 11 ähnlich Fig. 5.

Fig. 12 altkeltisches Ornament, in Holz geschnitten.

Fig. 13 Kettenbandmotiv.

Fig. 14 Quadratnetz in Diagonalrichtung.

Fig. 15 dasselbe in Verdoppelung und Verbindung mit rechtwinkeligem Quadratnetz.

Fig. 16 Dreiecksnetz aus dem gleichseitigen Dreieck.

Fig. 17 gerades Netz mit abwechselnder Teilung.

Fig. 18, 19, 25 und 27 griechische Mäandermotive.

Fig. 20, 24 und 26 Zickzacklinienmotive (aus dem Rankennetz), wobei Fig. 20 ägyptisch, 21 und 26 altheidnisch, 22 und 24 als Flechtbandmotiv maurischen Ursprungs sind.

Tafel 3. Sämtliche Figuren von 1—25 sind außer Fig. 18 aus dem schräg gestellten und geraden Quadratnetz konstruierte Kreisbogen-Wellenlinien und gemischtlinigenförmige einfache und Flechtbänder. Fig. 19 und 20 bilden das sogenannte Schuppenmotiv, auch als Flachmuster. Fig. 18 ist die Darstellung der eigenartigen Spirallinie und Fig. 21 das geradlinige Schuppenmotiv. Fig. 9 kann auch noch als sogenanntes Münzschnurmotiv bezeichnet werden.

Tafel 4. Flachmustermotive.

Die sämtlichen Figuren 1—25 geben die verschiedenartigsten Flachmustermotive für Fußboden-, Decken- und Wandteilungen in gemischtlinigen Figurenwiederholungen. Die Konstruktion aller beruht, wie ersichtlich, ebenfalls auf der geradlinigen und über Eck stehenden

Tafel 2. Geometrische Ornamentmotive. Netze.

Tafel 3. Geometrische Ornamentmotive. Bänder.

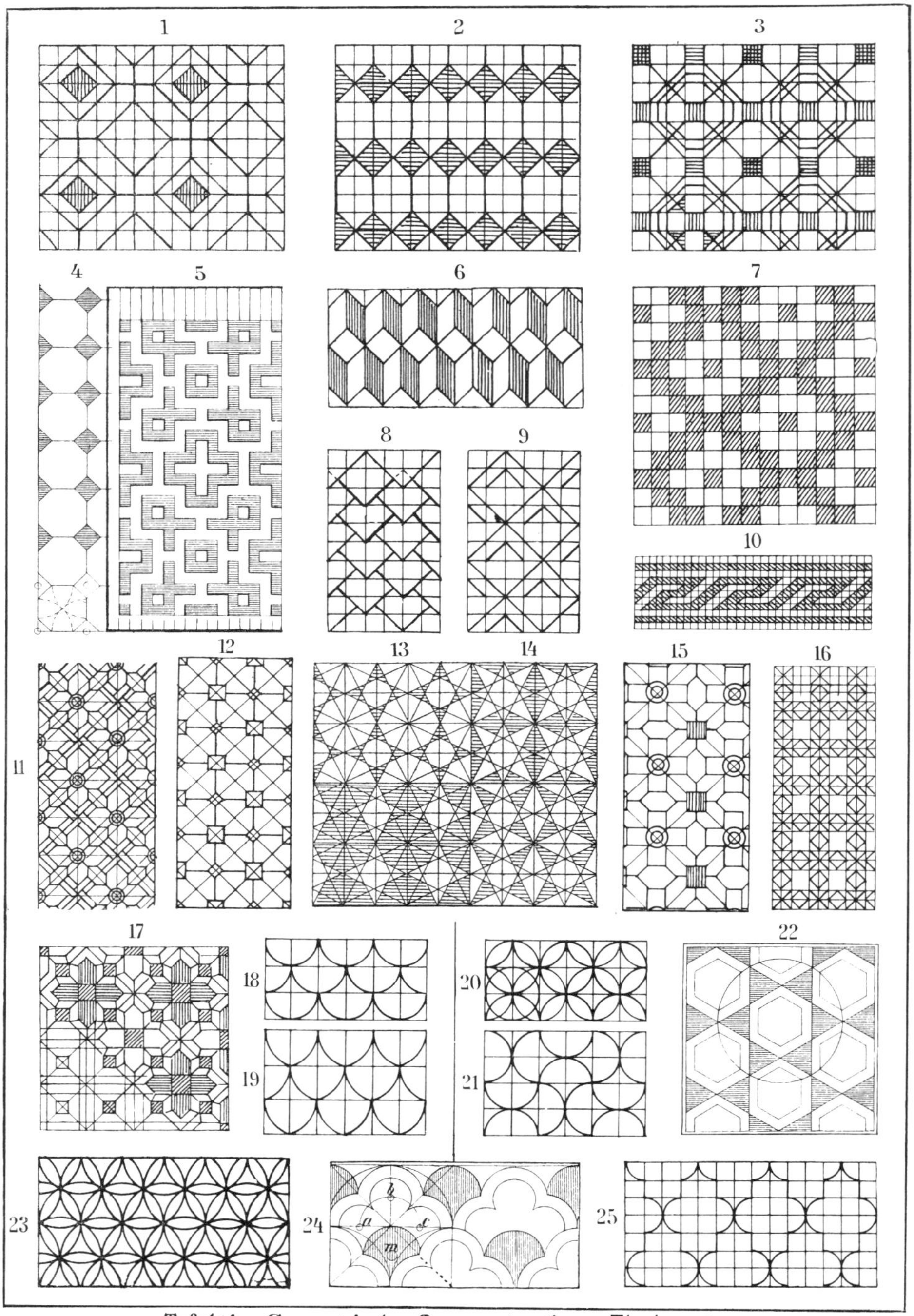

Tafel 4. Geometrische Ornamentmotive. Flachmuster.

Tafel 5. Geometrische Ornamentmotive. Quadrat, Rechteck, Polygon.

Netzteilung in verschiedener Richtung und Wechselteilung; Fig. 10 allein ist ein schrägliegendes Bandmäandermotiv.

Die Figuren 4, 6 und 22 sind Motive für Fußbodenbelag als Parkettmuster oder einfache Flächenmuster in Sechs- und Achteckzellenform, ähnlich dem Bienenzellenmuster. Fig. 5 ist ein Flachmustermotiv maurischen Ursprungs. Fig. 8 ist ein geradliniges, Fig. 18, 19 und 24 dagegen kreisbogenförmige Schuppenmotive.

Tafel 5. Geometrische Teilungsformen aus dem Quadrat, Dreieck, Rechteck und Vieleck oder Polygon, deren Zirkelkonstruktionen als bekannt vorausgesetzt werden müssen.

Die Vielecke (regelmäßigen Polygone) bilden die Grund- und Hilfsfiguren für Rosetten und Sternformen, deren Anwendung in der Ornamentik ungezählt ist, sowohl auf geometrischer als naturalistischer Grundlage. Auch bilden die Umrisse der Vielecke mit und ohne innere Teilungen besonders bei der Innendekoration der Baukunst für Decken, Wände und Fußboden häufig die Einrahmungen (Felderteilungen) für weitere ornamentale Füllungen, wie z. B. für Rosetten und Ornamentausbildungen von sogenannten Kassettendecken.

Fig. 1—8 stellen einfache Teilungen des Quadrats dar.

Fig. 9—15 reichere Teilungen desselben für Decken, Fußboden etc.

Fig. 16, 17 und 18 sind Beispiele reicherer Teilungen des Rechtecks zu Holz- und Stuckdecken.

Fig. 19—24 sind Vielecks- und Sternfigurenteilungen, wobei Fig. 21 die Hilfsfigur des gleichseitigen Dreiecks mit gleichmäßiger Winkelteilung.

Fig. 25 Sternfigur.

Das Quadrat und Rechteck mit seinen Innenteilungen findet in der geometrischen Ornamentik die weiteste Anwendung, darnach die regelmäßigen Vielecke des Sechsecks, hervorgegangen durch Halbierung der Dreieckspunkte im Kreise und Verbindung der Teilpunkte, wie Fig. 19, 20 und 22, und das regelmäßige Achteck im Kreise, aus Halbierung in Verbindung der Teilpunkte des Vierecksquadrats im Kreise hervorgegangen, siehe Sternfigur 25. Fünfecke, Zehn- und Zwölfecke sind nur mehr bei der Ornamentik des maurischen Flächenmusters zu finden, ebenso Trapezfiguren (im Kreise) und andere halbregelmäßige Vielecke. Durch die Teilungen mit Diagonalen und Transversalen in den regelmäßigen Vielecken entstehen die Sternfiguren. Die Teilungen auf Gehrung (d. h. im Winkel) für die verschiedenen Figurenteilungen, geschieht durch Winkelhalbierung. Fig. 9—12 der Taf. 5 z. B. müssen auf diese Weise hergestellt werden.

Tafel 6. Der Kreis und dessen abgeleitete und Teilungsformen,

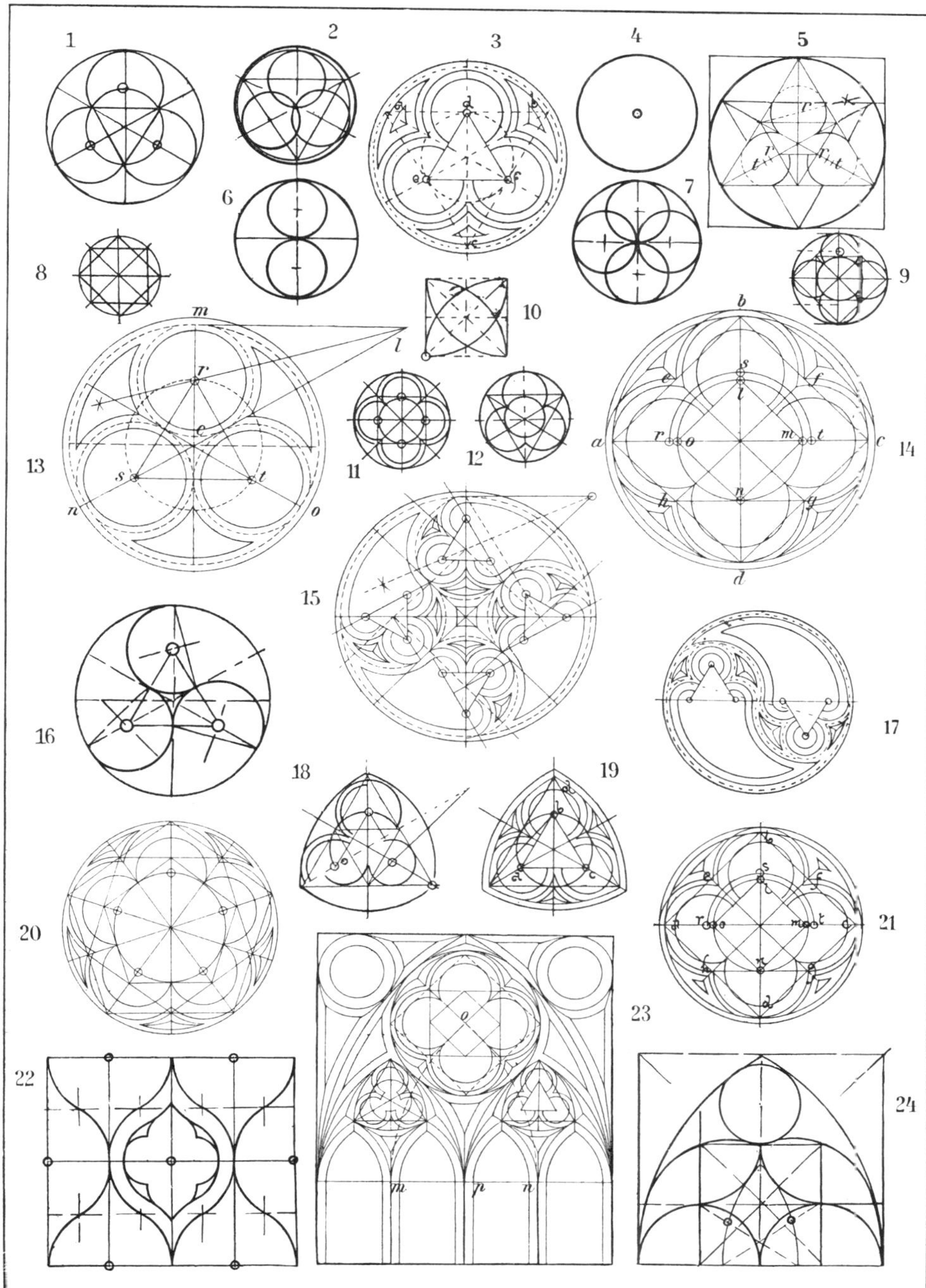

Tafel 6. Geometrische Ornamentmotive. Kreis- und Bogenstücke, Maßwerk.

wie dieselben ganz besonders beim sogenannten Maßwerk (den gotischen Fensterteilungen) vorkommen.

Außerdem bildet der Kreis in der Ornamentik die Grundform für alle Umrahmungen in zirkelrunder Form für rosettenartige Füllungen. Die weitere Teilung der Kreisform kann sternförmig, Fig. 8, Taf. 6, strahlenartig, geradlinig oder wieder durch Kreisbogen erfolgen, z. B. Fig. 1, Taf. 6, aber auch gemischtlinig wie Fig. 5, Taf. 6. Am meisten kommen derartige Teilungen, wie gesagt, beim gotischen Maßwerk in der Architektur angewendet vor.

Die Fig. 1—24 veranschaulichen diese Formen, deren Konstruktionspunkte und Zirkeleinsätze durch kleine Ringe und teilweise mit Buchstaben bezeichnet sind. Die Fig. 15, 16, 17 und zum Teil 24 sind sogenannte Fischblasenmuster, während Fig. 22 die Verdoppelungen des sogenannten Tudor- oder Eselsrückenbogen zeigt. Als gotisches Maßwerk bezeichnet man gewisse systematische, aus Kreisbogenstücken und Kreisen zusammengesetzte Ornamentformen, welche auf rein geometrischer Grundlage entstanden sind, im Gegensatze zu der aus der natürlichen Pflanzenform entnommenen Ornamentik. Da diese Maßwerkformen auf geometrische regelmäßige Teilungen des Dreiecks, Vierecks etc. im Kreise zurückzuführen sind, so nennt man die so entstandenen Figuren Dreiblatt oder Dreipaß, Fig. 1, 3, 13, 18, 19 und Vierblatt oder Vierpaß, Fig. 10, 11, 14, 21 u. s. f. Eine Hilfsfigur zu den schon erwähnten Fischblasenmustern ist Fig. 16, die je nach Anzahl der gewünschten Fischblasen zu konstruieren ist.

Tafel 7. Elliptische Formen, gedrückte und Korbbogen.

Diese Formen entstehen aus der Zusammensetzung und Konstruktion verschiedener Kreisstücke zu einem einzigen Bogen oder geschlossener Rundform, wobei eine kurvenartige Form entsteht mit stetig wechselndem Krümmungsradius oder Halbmesser. In nicht geschlossener Form bezeichnet man die so elliptisch aus verschiedenen Kreisstücken zusammengesetzte Kurve auch als „Korbbogen“. Zum Unterschiede von der Ellipse bildet die „Ovale“ oder Eilinie eine besondere Form, Fig. 7, Taf. 7, welche aber, als der elliptischen Form verwandt, hier mit aufzuführen ist.

Die Fig. 23 und 24 sind Kreisteilungen und als Hilfsfiguren hier mit dargestellt.

Fig. 1. Halbkreis aus *a*, über dessen Durchmesser *a*—*b* eine Ellipse zu konstruieren ist.

Fig. 2 ist die Ellipse über derselben Spannweite *a b* von Fig. 1. Zur Herstellung ist der erste Bogen aus *c* und *d* nach den verlänger-

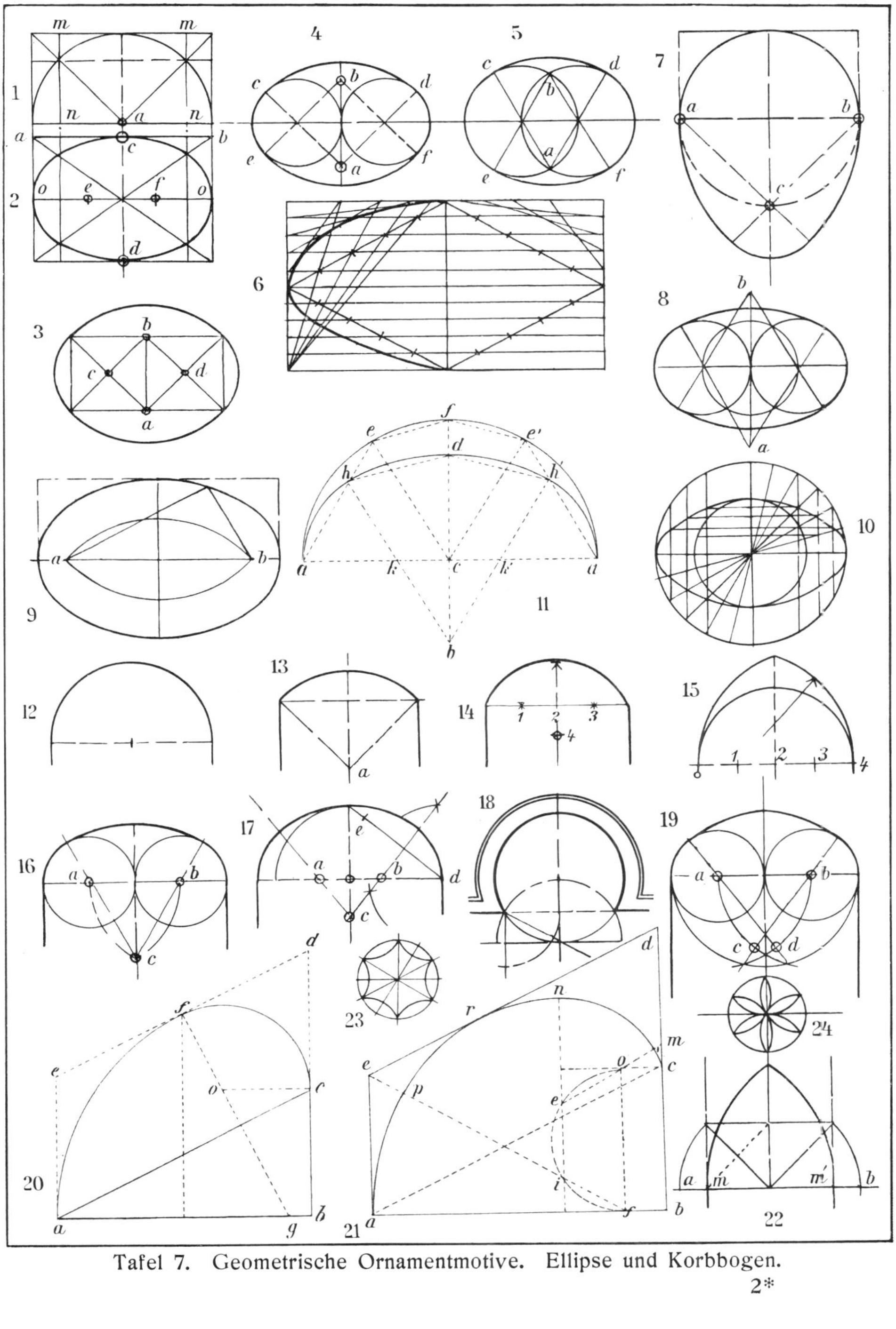

Tafel 7. Geometrische Ornamentmotive. Ellipse und Korbbogen.

ten Schnittlinien *m m* und *n n* geschlagen, die zweiten Bogen aus *e* und *f* mit *a* und *o f* gelangen nach denselben Kreuzungspunkten.

Fig. 3. Ellipse aus den Mittelpunkten *a b c d* zweier aneinander gelegten Quadrate. Die Konstruktion ist deutlich.

Fig. 4. Ellipse aus den Bogenstücken zweier aneinander gelegter Kreise bis zu den Schnittpunkten der Diagonalen *c d e f*, Mittelpunkte in *a* und *b*.

Fig. 5. Ellipse auf dieselbe Weise konstruiert mittels zweier bis auf den Halbmesser ineinander geschobener Kreise.

Fig. 6. Ellipse durch Teilungslinien (Vergatterung) hergestellt.

Fig. 7. Elliptische Eilinie aus den Punkten *a b c*, wie bei Fig. 15, Taf. 1.

Fig. 8. Ellipse wie Fig. 4, jedoch aus höher gezogenen Einsatzpunkten *a* und *b*.

Fig. 9. Ellipse über *a b* mittels mechanischer Fadenführung.

Fig. 10. Ellipse mittels Vergatterung hergestellt.

Fig. 11. Gedrückter (Korb-)Bogen aus dem Halbkreise über *a a′* mittels Teilungslinien in den angegebenen Punkten. Bei dieser Konstruktion ist der Halbkreis über *a a′* zu Grunde gelegt, auf dessen Peripherie gleichmäßig von der Mitte *f* aus zwei Stücke in *e* und *e′* abgeschnitten sind. Zu den Verbindungslinien *e* und *e′* mit *c* werden Parallelen gezogen, welche die verlängerte Senkrechte *f c* in *b* schneiden und ebenso in *h* und *h′* die Verbindungslinien von *e a* und *e′ a′*. Für das Bogenstück *h h′* gilt der Radius *b h* und für *h a* und *h′ a′* die Radien *k a* und *k′ a′*. Die Verdoppelung der so gefundenen Korblinie nach unten würde eine geschlossene Ellipse ergeben. Es folgen nun Rundbogenformen, welche für praktische Anwendung bei Tür- und Fensterbogen gelten können, demnach Fig. 12—22.

Fig. 12. Halbkreis.

Fig. 13. Flachbogen aus *a*.

Fig. 14. Flachbogen aus Punkt 4, wobei 1—2 und 2—3=2—4.

Fig. 15. Spitzbogen aus 1 und 3 bei gleichen Teilungen von 0—4 des Durchmessers.

Fig. 16. Korbbogen aus *c* des gleichseitigen Dreiecks *a b c*.

Fig. 17. Korbbogen aus *a b* und *c*, den Teilungspunkten aus den Senkrechten über *d e*.

Fig. 18. Überhöhter Rundbogen, maurisch.

Fig. 19. Gedrückter Spitzbogen aus *a b c d*.

Fig. 20 und 21. Einhüftige Korbbogen, bei 20 aus *g* und *o* und bei 21 aus *f i e* und *o*.

Fig. 22. Überhöhter Spitzbogen aus *a* und *b* mit *a m′* und *b m*.

Tafel 8. Profilformen der Bauglieder (Gesimse) in der Architektur wie im Kunstgewerbe für die Zusammensetzung von Hauptgesimsen, Gurten, Sockeln, Tür- und Fenstergesimsen stellen die Fig. 1—20 dar, deren Konstruktion aus den, durch kleine Ringe angegebenen Mittelpunkten ersichtlich ist. Als Abschlußlinien und -kanten dienen in der Baukunst für äußere wie innere Wandflächen, Decken, Tür- und Fensterbekleidungen die Gesimse oder Bauglieder, welche hergestellt sind als plastische Bänder, zusammengesetzt aus einzelnen Untergliedern einfachster Art mit gerad- und krummliniger Begrenzung. Diese Begrenzungen nennt man Profile, als rechtwinkelige senkrechte oder wagerechte Durchschneidung der horizontal fortlaufenden (liegenden) oder vertikal stehenden Unterglieder sich darstellend. Die Profile sind wiederum als gerade oder gebogene nur eine Zusammensetzung gerader und krummer (bogenförmiger) geometrischer Linienformen, also der bereits auf Taf. 1 vorgeführten Elemente, nur mit dem Unterschiede, daß hier besondere zweckdienliche Linienzusammensetzungen oder Konstruktionen statthaben, mit besonderen Benennungen dafür.

Die aus den einzelnen profilierten Untergliedern (Bändern) zusammengesetzten Gesimse sind bekrönende (Hauptgesimse), bindende (Gurtgesimse), trennende (senkrechte, felderteilende) absetzende (Kämpfer und Sockelgesimse wie auch Fenstersohlbänke), und deckende (Tür- und Fensterverdachungen). Die Gesimse sind also eine besondere und wichtige Art von Bauteilen der Architektur, welche speziell als Bauglieder oder architektonische Glieder bezeichnet werden und deren zusammensetzende Bestandteile die Unterglieder mit ihren begrenzenden Profilen bilden, deren Vorführung mit Benennung nunmehr folgt; die Profile sind gerade oder gebogene.

Fig. 1—3 sind Viertelstäbe oder Wulste (Viertelkreise und Kreisstücke).

Fig. 4—6 ganze Hohlkehlen, bei krönenden Hauptgesimsen halbe Hohlkehlen.

Fig. 7—9. Karniese. Die aus- und eingebogenen Profile der Wulste und Hohlkehlen, Fig. 1—6, sind einfache Profile, nur nach einer Richtung liegend, während Fig. 7—9, die Karniese, zusammengesetzte Profile bilden, aus Wulst und Hohlkehle bestehend, nach zwei Richtungen hin; dasselbe ist der Fall bei Fig. 13, 14, 15, 19 und 20. Fig. 10 und 11 stellen die sogenannte stehende einfache Hohlkehle dar, als deckendes Oberglied bei Verdachungsgesimsen benutzt, und Fig. 12 die einfache liegende Hohlkehle, bei Sockel (Fuß)-Gesimsen angewendet.

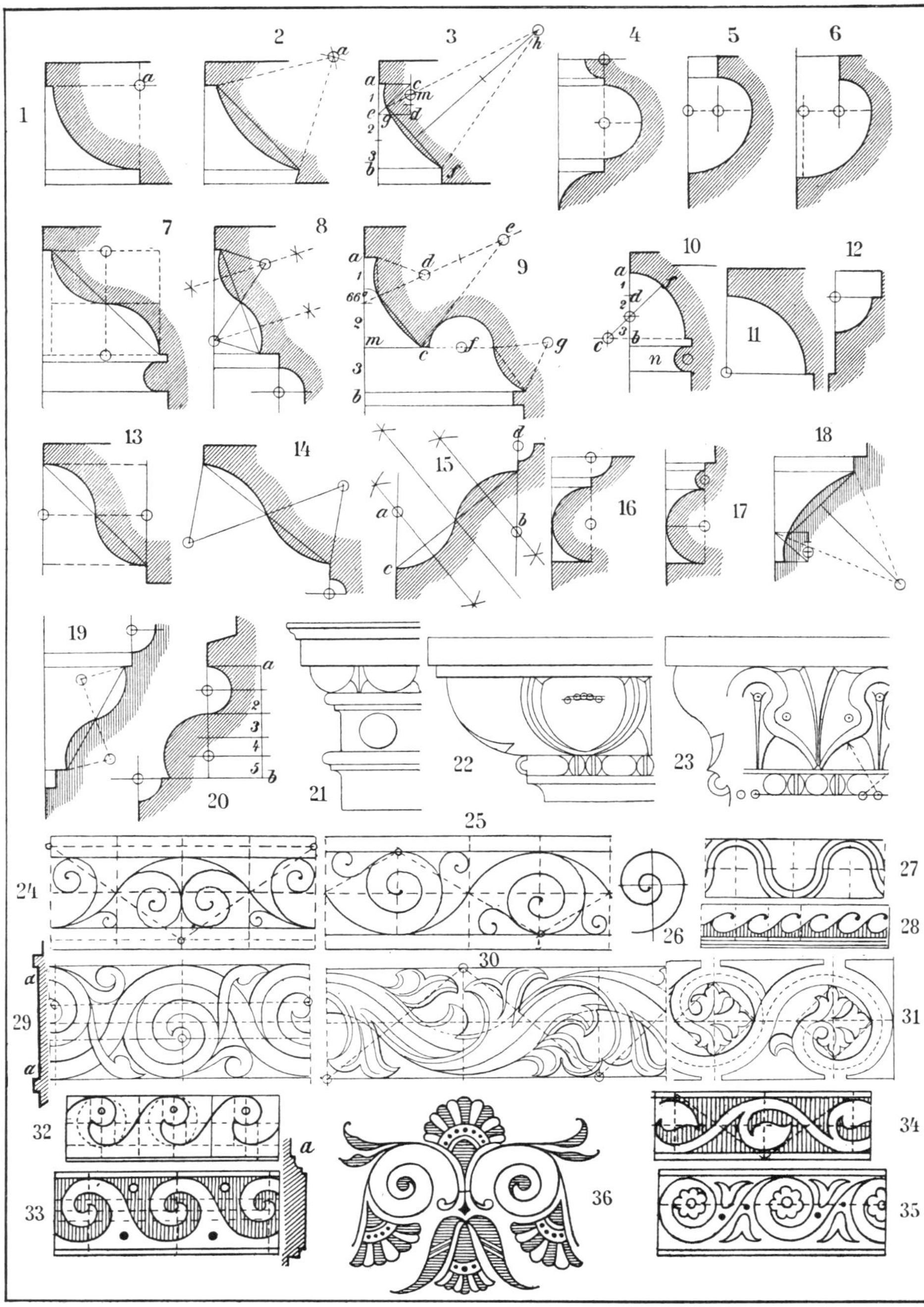

Tafel 8. Geometrische Ornamentmotive. Profile, Spirale und Ranke.

Fig. 13 und 14. Simas (Glockenleisten oder Kehlleisten) und 15, 19 und 20 umgekehrte Karniese und Glockenleisten oder Kehlleisten als Sockelgesimse angewendet. (Fußprofile) Fig. 16—18 sind einfache und doppelte Fußwulste oder Basenprofile bei Säulen etc. benutzt.

Die Profile der Gesimsglieder sind nun von alters her mehr oder weniger reich ornamentiert worden, plastisch und bemalt, und da die hierfür in großer Anzahl angewendeten mannigfachen Ornamente in Abschnitt II dieses Buches abgehandelt werden, so ist hier in Fig. 21—23 zunächst nur eine Andeutung von deren praktischer Anwendung auf Profile gegeben. Bei Fig. 21 zeigt der Viertelstab in Linien eine Blattornamentierung, welche mit den dazwischen gestellten Spitzen „Eierstab" oder „Blattstab" genannt wird. Deutlicher ist dies aus Fig. 22 zu ersehen, wo unter dem Viertelstab noch ein sogenannter Astragal oder Perlstab liegt, ein mit Perlen verzierter kleiner Rundstab. Der Karnies, Fig. 23, zeigt die sogenannte „Herzblatt"-Verzierung, unter der sich ebenfalls noch ein „Perlstab" anderer Form befindet.

Da aber nicht allein die gebogenen (krummlinigen) Profile Ornamente zeigen, vielmehr auch die geradlinigen, als friesartige Gurt- und Bandgesimse von geringerer oder größerer Höhe, so ist hier gleich auf deren Ornamentation mit hingewiesen und die Art und Entstehung des Linien- und Rankenornaments kurz gegeben. Diese Ornamentierung kann natürlich ebensogut eine dem Netzsystem angepaßte geometrische sein, als Bandornament, wie eine dem freieren naturalistischen Ranken- oder Wellenlinien-Ornament angehörige. Letztere Vorführung ist hier gewählt, um gleichzeitig die schematisch-lineare Entstehung desselben zu zeigen, d. h. wie dieses freiere Wellenlinien- und Rankenornament auf der Grundlage des geometrischen Ornaments basiert, indem sich auch die krummlinig-bogenförmige und spirale Linienform auf die geometrische Netzsystem-Einteilung zurückführen und in dieselbe einzeichnen läßt.

Demnach ist in Fig. 24—26 die Entstehung des Rankenornaments verschiedenartig vorgeführt.

Fig. 29—31 zeigen die weitere Ausführung in Linien mit und ohne Blattansätze, sowie die Wellenlinie oder Wasserwogenlinie konstruktiv in Fig. 27 und 32, sowie in weiterer Ausführung stilistisch dargestellt in Fig. 28, 33—35. Dieses Wasserwogenlineament (laufender Hund) ist rein griechischen Ursprungs, sowie das Rankenornament mit Palmblatt-Verzierung, Fig. 36, von griechischer Vasenbemalung (nach Semper).

Bei den Fig. 29 und 33 ist mit Fig. *a a* je ein geradliniges Profil der passenden glatten Gurtbänder gegeben, auf welche plastisch oder gemalt die betreffende Ornamentierung anzuwenden ist. Ebenso verhält es sich bei den Ornamentfiguren 30, 31, 33, 34 und 35, welche ähnliche Band- oder Gurtsimsprofilierungen haben können. Zu Fig. 36 würde schon mehr ein hohes (friesartiges) Flächenstück gehören.

Die natürliche Flora in Blatt und Pflanze, sowie die verschiedenen Blumenformen und Früchte haben seit den frühesten Zeiten und durch alle Stilepochen bis heute der Ornamentik als Vorbild gedient, besonders während der Renaissancezeit, mit mehr oder weniger glücklicher „Stilisierung". Die direkte Nachahmung dieser Gebilde ist die naturalistische, wie sie heute wieder und in oft recht ungeschickter und geradezu widersinniger Weise angewendet und beliebt wird und hierin sogar der Gotik weit nachsteht. Die Nachbildung dieser Naturformen dagegen als Ornament in einer dem Zweck, Raum und Größenverhältnis des zu ornamentierenden Gegenstandes entsprechenden Weise und in streng regelmäßiger gegliederter Form nach den Regeln der Rhythmik und Symmetrie nennt man „Stil" oder „Stilisierung des Ornaments". Die Motive der Naturformen werden also in einer künstlerischen Weise verwendet, die als Kunstform den Kunstwerken der Baukunst und des Kunstgewerbes sich anpaßt. Daß aber eine solche Kunst auf einer höheren Stufe steht, als eine bloße Nachahmung der natürlichen Gebilde, erkannten schon die alten Ägypter, deren Ornamentation im stilisierten Lotos, der Palme etc. sich ausdrückt. Zweifellos ist diese letztere Art der Ornamentation die richtigere und schönere, wie die herrlichen Beispiele der italienischen Renaissanceepoche des 15.—16. Jahrhunderts zeigen, doch darf andrerseits die „Stilisierung" nicht bis zur starren Konstruierung von Gestalten herabsinken, wie sie ausgangs der Renaissancezeit diesseits der Alpen, in England und Holland sich zeigte, bei deren Ornamentik die Motive von Ranke, Blatt und Blume bereits unkenntlich erscheinen. Ebenso artete die Ornamentation der Blattformen in der Spätgotik zu teils schematischer, teils zu naturalistischer Auffassung aus.

Die Schönheit, Mannigfaltigkeit und Zierlichkeit der Blattformen bestimmte vielmehr deren Wahl zum Ornament, und hierbei wiederum fand schon im klassischen Altertum neben den einheimischen Blattpflanzen der schöngezackte Akanthus der südlichen Länder die meiste Verwendung zur Rankenbildung.

Einer gewissen Klassifizierung nach unterscheidet man einförmige (Linde, Eiche etc.), gelappte (Kastanie, Feige etc.), gebuchtete (Wein), gezahnte (Nessel, Distel), gefiederte (Akazie etc.) Blätter, die jedoch wiederum nach der mehr oder weniger schön ausgebildeten Blattrandung beliebt sind, wie z. B. der Akanthus.

B. Auf naturalistischer Grundlage.

a) Blatt- und Pflanzenformen.

Tafel 9. Fig. 1—29 zeigen zunächst unsere einheimischen Blattformen, und zwar Fig. 1 und 2 Linde einförmig (mit Hilfsfigur zur Zeichnung), 3, 4, 5, 8 und 9 Distel und Nessel gezahnt. Fig. 6, 7 Eiche (einförmig) mit Hilfsfigur. Fig. 10 Kastanie, 12 Feige (beide gelappt), 11 und 27 Akazie, Essigbaum (beide gefiedert), 13 Winde, 14 und 15 Lorbeer mit Hilfsfigur, 16, 17 Efeuarten, 20 Dornstrauch, 21 Wein, 18 und 19 Hilfsfiguren zu 16—21, Fig. 22 palmenartig gefiedertes Blatt. Fig. 23 wie 20, Fig. 24 Klee. Fig. 25 nierenförmiges Blatt, 28 Efeuranke mit Blatt (nach griechischem Muster), 26 ähnlich 22 und Fig. 29 das Petersilienblatt, welches im kleinen seiner Blattrandung nach dem Akanthus ähnelt.

Fig. 30. Die naturalistische Akanthuspflanze (nach Semper).

Fig. 31. Stilisierter griechischer Akanthus (plastisch), zum Vergleich mit Figur 30.

Von allen diesen Blattformen muß uns in der Ornamentik der Akanthus schon deswegen am meisten interessieren, weil er in allen Stilen und Zeitepochen verwendet und verschiedentlichst ausgebildet worden ist in Bezug auf die Wiedergabe seines Blattschnittes, d. h. seiner Blattrandung. Im griechischen Ornament erscheint dieselbe meist spitz und starrzackig, im römischen Ornament dagegen runder, breiter und bewegter. Das byzantinische und romanische Ornament greift wieder zu steiferen und spitzeren, weniger feinen Formen zurück, während die Perioden der Gotik den Akanthus erst rund, knollig, dann starr langgestreckt und distelförmig ausbilden, zuletzt in fast schematisch viereckigen schon ganz unkenntlichen Ausartungen. Dabei ist eine naturalistische Auffassung deutlich erkennbar.

Die Renaissance, besonders die italienische, hat aber nicht sowohl den Akanthus, als überhaupt das Ornament, in schönster Vollendung zum Ausdruck gebracht, wie dasselbe von allen nachfolgenden Stilrichtungen, selbst dem zierlichsten Rokoko, nie wieder erreicht worden ist. Besonders die neueste Zeit überbietet sich in dieser Beziehung im charakterlosesten Mischmasch, unseren übrigen „modernen" Verhältnissen entsprechend.

Blattformen, naturalistisch und in stilistischen Ableitungsformen. (Akanthus, Lotos, Palme und Efeu.)

Der Lotos (Papyrus), als ältestes Papiermaterial gebraucht, ist eine Wasserpflanze, Fig. 7 und 8, Tafel 10, welche besonders in den sumpfigen Niederungen des Nil und in Indien gedeiht und daher den

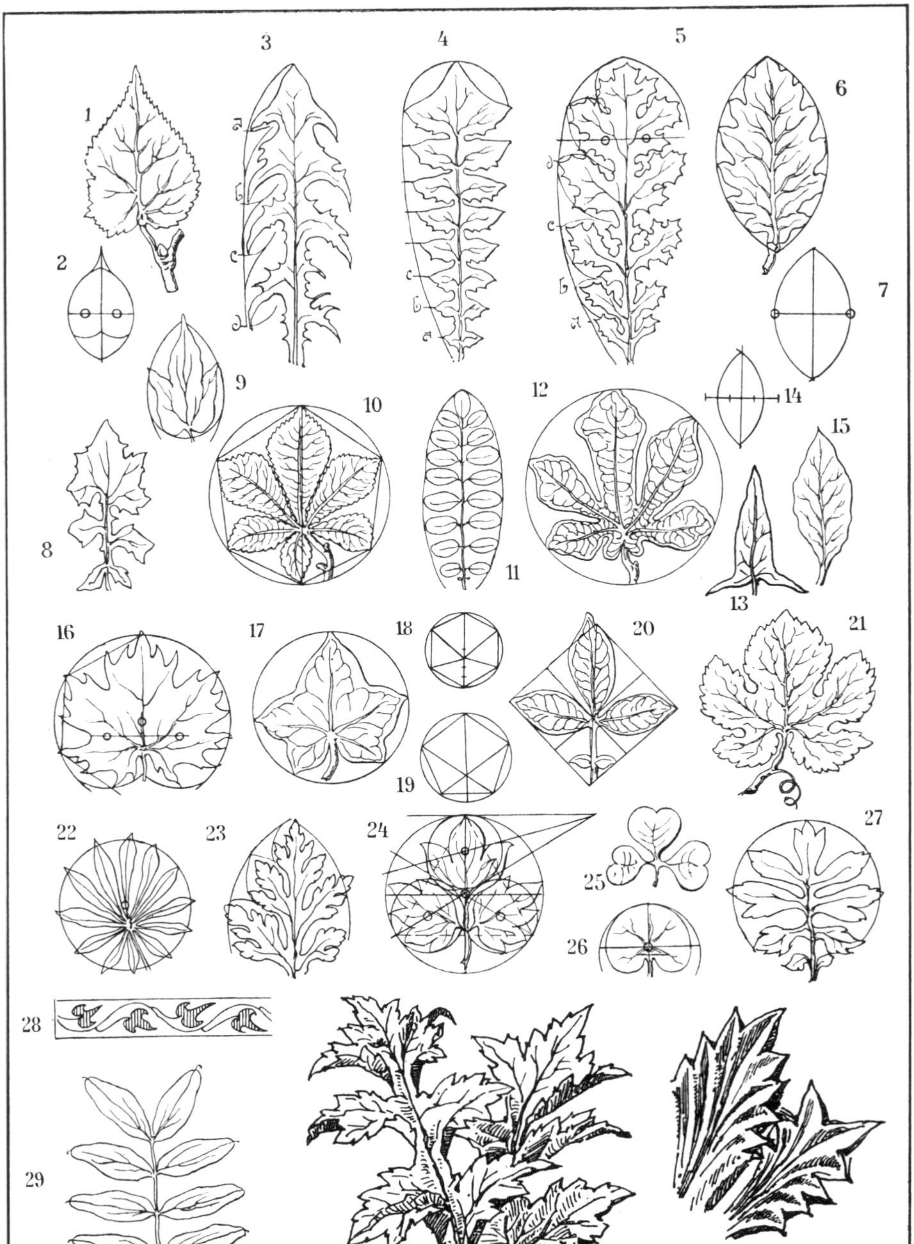

Tafel 9. Naturformen. Heimische Blattformen, Akanthus.

Ägyptern, Assyrern und Indern schon im grauen Altertum als Vorbild für Ornamentbildung in stilisierter Form diente. Das Lotoskelch-, Blätter- und Blüten-Motiv wurde an allen Bauteilen, als Fries- und Gesimsverzierung, als Säulen-Kelch-Kapitäl und Säulenschaft, letzterer in Form zusammengebundener Lotoshalme, und an allerhand Hausgerät angewendet. Ebenso wurde die Pflanze selbst zu allerhand Flechtwerk, als Brennmaterial und in der Wurzel sogar als Nahrungsmittel gebraucht. Der Lotos galt als göttliches Symbol, dem Osiris und der Isis geweiht für die jedesmalige Wiederkehr der Landesbefruchtung durch den Nil, und als Ausdruck für Unsterblichkeit.

Die Palme, in der Form der Fächerpalme der aufgeplatzten Lotosblüte ähnlich, vergl. Fig. 7, Tafel 10, ist ähnlich wie der Lotos bei den Völkern des Altertums ornamental naturalistisch und besonders stilistisch verwendet und dürfte in letzterer Form in den Palmetten-Bändern der griechischen Kunst am meisten ihren Ausdruck finden. Die Palme galt als Symbol des Friedens und Palmenzweige dienten hauptsächlich als Schmuck bei hohen Festlichkeiten und Triumpfzügen, bei welchen letzteren die Palme gleichzeitig als Symbol des Sieges galt. Die Anwendung des Palmen-Ornaments ist beliebt und bis in die heutige modernste Kunst aufgenommen, besonders auch für Grabdenkmäler. Letzteres gilt auch vom Efeu, der als immergrüne Wucherpflanze von Afrika nach Süd- und Mittel-Europa verpflanzt wurde. Als Ornamentmotiv ist derselbe schon im Altertum und bis heute in naturalistischer wie stilistischer Auffassung in ebenso mannigfaltiger Form angewendet, wie Lotos und Palme, und gilt er als Symbol der Freundschaft und Treue. Bei den Griechen und Römern war er dem Weingott Bacchus geweiht und ihm als Atribut (äußeres Schmuck- und Erkennungszeichen) beigegeben, in Form eines mit Efeu umwundenen Thyrsusstabes, der am oberen Ende mit einem zapfenartigen Knopf versehen ist. In dieser Gestalt wird dieses Zeichen ornamental heute noch als Kunstform an passender Stelle verwendet. Die Blattform des Efeu (meist fünflappig) ist recht verschieden und wechselt besonders durch mehr spitze oder rundere Ausläufer bis zur herzförmigen Gestalt. Derart sind auch die stilistischen Formen ausgebildet.

Vom Lorbeer und dessen verschiedenen Naturformen gilt eigentlich dasselbe betreffs seiner Verwendung als Ornament-Motiv, was schon von Lotos, Palme und Efeu gesagt wurde, mit dem Unterschiede, daß er als symbolisches Zeichen des Ruhms gilt. In diesem Sinne wurde der natürliche Lorbeer als Kranzschmuck bei Festlichkeiten für die zu ehrenden Persönlichkeiten, Helden, Dichter und Künstler benutzt und in der Kunst symbolisch.

Lorbeer und Ölbaum sind eigentlich dasselbe mit geringen Unterschieden in der Blattform; Ölzweige galten als Ehrenpreis bei den olympischen Spielen der Griechen und Römer und gleichzeitig als Friedenssymbol.

Was vom Efeu als Symbol und Attribut des Bacchus galt, ist selbstredend in noch höherem Maße vom Wein und Weinlaub, sowie Rebe und Weinranke selbst der Fall. Die Form des Weinblattes als Ornamentmotiv ist nicht so stark gebräuchlich; am meisten verwandt ist sie noch in der mittelalterlichen romanischen Stilweise und der Frühgotik, aus deren Ranken- und Blattornament sich das Weinlaub erkennen läßt, aber auch die deutsche Renaissance der ersten Zeit zeigt bei ihrem breiten Pflanzenornament die Weinblattform. Die übrigen Pflanzenformen und Blätter unserer einheimischen Flora bedürfen keiner weiteren Beschreibung.

Blumen.

Die naturalistischen Blumenformen als schönster Hauptbestandteil der Pflanzen-Gewächse sind natürlich noch mehr als die Blatt- und Rankenformen und als Mittelpunkte letzterer in der gesamten Ornamentik aller Zeit- und Kunstepochen mit Vorliebe ausgebildet und angewendet. Sowohl als flach gearbeitete Einzelsterne, wie auch plastisch und in Mehrzahl vereinigt bilden sie in Verbindung mit Früchten, Blättern und Bändern die Form von Sträußen, Gewinden (Festons) und Kränzen, und sind solchergestalt in der Ornamentik gemalt und plastisch in Holz, Stein oder Gips nachgebildet besonders da zu finden, wo es sich um den Ausdruck festlichen Schmuckes handelt.

Von allen Blumen hat besonders die Rose mit ihrer um den Kern zentral stehenden Blattbildung als Einzeldarstellung die meiste Verwendung gefunden in Form stilisierter Rosetten, sowohl gemalt, als auch als plastisches Zierstück in allem vorkommenden Material, an jeder passenden Stelle und für allerhand Zwecke als Füllung, Knopf, Trennungsstück und dergl.

Von den übrigen Naturblumen sind diejenigen als Zierrat in der Ornamentik am meisten verwendet, welche die zentrale Sternform in ihrer Blattgestaltung ähnlich der Rose aufweisen.

Tafel 10. Die Figuren 1—6 und 19—23 geben Beispiele des Akanthus in den verschiedenen Zeit- und Stilepochen.

Fig. 1. Akanthus von einem griechisch römischen Relief (n. Semper).

Fig. 2. Akanthus von einem römischen Säulenkapitäl.

Fig. 3. Akanthus in griechischer Stilisierung (nach Mauch).

Fig. 4. Naturalistisches Akanthusblatt im Vergleich zu Fig. 1 (nach Semper).

Tafel 10. Naturformen. Akanthus, Lotos, Efeu.

Fig. 5. Römische Akanthusblattranke.

Fig. 6. Akanthusblattschnitt der Renaissance.

Fig. 19. Byzantinisches Akanthusblatt eines Kapitäls in S. Sofia zu Padua (nach Racinet).

Fig. 20. Romanisches Akanthusblatt eines Kapitäls zu St. Denis (R).

Fig. 21—23. Frühgotische Akanthusblattbildungen von Notre Dame zu Paris (Gewerbehalle).

Fig. 7. Natürliche Lotospflanze (nach Semper).

Fig. 8. Dieselbe stilisiert—ägyptisch (Semper).

Fig. 9—12. Ägyptische und assyrische Ornamente von Gesimsen, Friesen, Fußboden und Deckenteilen alter Tempel mit stilisiertem Lotos und Palmenblatt. (Glazier und Gewerbehalle.)

Fig. 13. Naturalistisches und stilistisches Ornament von einem persischen Gewebe. Akanthusförmig (Gh.).

Fig. 17 und 18. Natürliche Efeuranken.

Fig. 14—16. Stilisiertes griechisches Efeuranken-Ornament (Gh. und Verf.).

Naturalistische und stilistische Blatt- und Rankenformen und Blumen in Verbindung, auch symmetrisch-geometrische Blattformen. (Tafel 11 und 12.)

Tafel 11. Fig. 1. Naturalistischer Palmenzweig mit Lorbeerkranz (Gh.).

Fig. 2. Stilisiertes Palmenblattornament eines ägyptischen Kelchkapitäls vom Tempel zu Philae (Gh.)

Fig. 3. Naturlorbeerzweig.

Fig. 4. Lorbeerblattband, griechisch.

Fig. 5. Blätterband von griechischer Vase, stilisiert.

Fig. 6. Akanthusblätter, moderne Renaissance, stilisiert.

Fig. 7. Palmenrankenband, stilisiert, griechische Vasenbemalung, liegend.

Fig. 8—14. Aufrechtstehende Palmettenbänder von griechischen Vasen. Palmen- und Lotos-Ornament mit Rankenverbindung.

Fig. 15 und 16. Griechische Akanthusranken-Ornamente vom Monument des Lysikrates (Mauch).

Fig. 17. Römische Akanthuswerke von einem Tempelfries.

Fig. 18 und 19. Frühgotische stilisierte Blatt- und Blütenornamente.

Fig. 20. Spätgotisches Rankenband.

Tafel 12. Fig. 1. Frühgotische Ranke mit Blatt in Akanthusform von Notre Dame, Paris. (Glazier.)

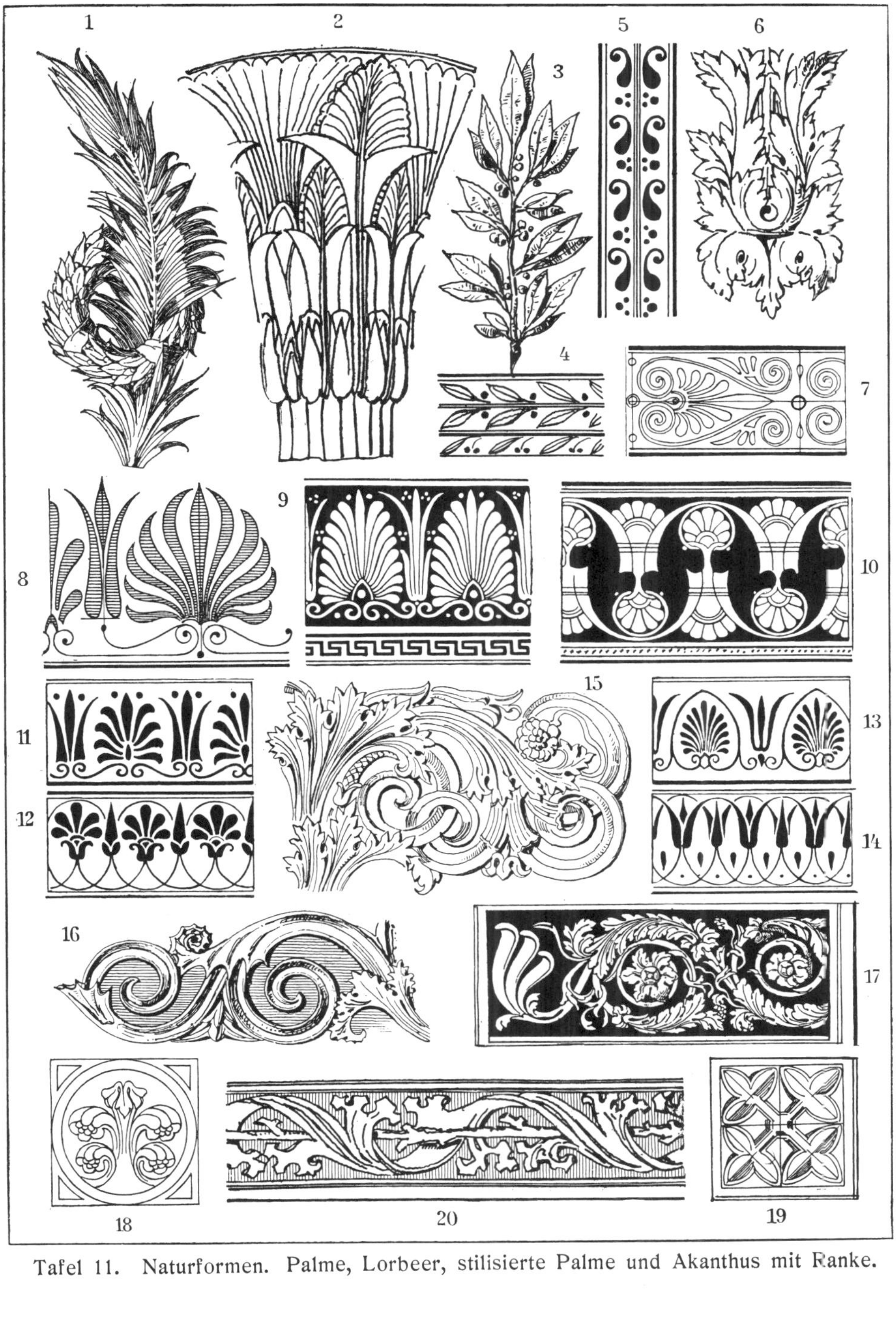

Tafel 11. Naturformen. Palme, Lorbeer, stilisierte Palme und Akanthus mit Ranke.

Fig. 2 und 3. Italienische Renaissance, Akanthus und Blattranken von Chorgestühlen, plastisch und als Intarsia. (Gh.)

Fig. 4. Rankenartiges Linienornament der deutschen Renaissance.

Fig. 5. Akanthusranke mit Kelch, von römischer Reliefplatte (nach Gh.)

Fig. 6. Romanische Akanthusranke aus St. Denis bei Paris (nach Gh.).

Fig. 7. Pompejanischer Fries vom Tempel der Isis (allg.).

Fig. 8. Akanthusranke von französischer Vignette, Zopfperiode (18. Jahrhundert). (K. B.)

Fig. 9 und 11. Akanthusranken des deutschen Zopfornaments.

Fig. 10. Rokokoornament aus dem Kurländischen Palais zu Dresden. (K. B.)

Fig. 12 und 15. Blattformen des romanischen Stils (11. Jahrhundert).

Fig. 13 und 14. Spätgotische Blattformen des 14. Jahrhunderts. (V.)

Fig. 16. Blütenkelche und Blattform des Übergangstiles der Gotik zur deutschen Renaissance.

Fig. 18—21. Naturalistische Blumenformen (nach Raguenet).

Endlich sind hier noch angefügt Beispiele von teils historisch-stilistischen und modernen stilisiert-geometrischen Blattformen in praktischer Anwendung der Zeichnung für Wand- und Fußbodenfliesen und festlaufende Bänder, sowie als Flächenmuster. Die Hilfsfiguren 1 und 2 gelten für gotische Stilformen, wie die Fig. 3—8 zeigen. Fig. 9—17 zeigen den Renaissancecharakter, modern. Fig. 18 ist ein romanischer Rankenfries, und Fig. 19 gotischer, stehend aneinander gerichteter Blattzierrat, welcher als Bekrönung (in Holz) praktisch verwendbar ist.

b) Tierische Formen, naturalistisch und in stilistischer Ausbildung, sowie in Verbindung mit Festons und Geräten. Taf. 13—15.

Obgleich die Anwendung tierischer Gestaltungen in naturalistischer wie stilisierter Form recht häufig ist, so ist deren Verbreitung in der Ornamentik verglichen mit derjenigen des geometrischen und Pflanzenornaments doch wesentlich geringer. Einesteils ist die Anpassung der tierischen Gestaltung als Ornament an Zweck und Raum der Ornamentation besonders in der Architektur weit schwieriger, andernteils bedingt sie meist eine gewisse Symbolik für die zu ornamentierende Stelle oder Gegenstand. Deswegen findet sich die Anwendung des tierischen Ornaments in den Stilarten der orientalischen Völker, besonders in Verbindung mit dem dort am meisten und mannigfachsten vor-

Tafel 12. Naturformen. Stilisierte Akanthus, Blumen, Rosettenmotive, Fig. 3—8 got., 18 roman.

kommenden Flächenornament auf geometrischer Grundlage fast gar nicht vor. Erst die altägyptische und assyrische, wie besonders die klassische Ornamentierungsweise der Griechen und Römer zeigt tierisch-ornamentale Behandlung an Bauteilen im Innern und Äußern, wie z. B. bei den Friesfüllungen (als Metopen) der dorischen Tempel, ferner in Verbindung mit Frucht- und Blumengehängen, und auch bei den kunstgewerblichen Gegenständen, wie Kandelaberfüßen und Postamenten, Altären und dergleichen mehr. Auch besonders auf die italienische Renaissance ist diese Ornamentierungsweise übergegangen, sowohl im plastischen als gemalten Flachornament, vielfach in gemischter Verbindung mit dem Ranken- und Blattornament.

Beispiele dafür sind die Friese und Pilasterfüllungen der Paläste. Auch die mittelalterlichen Stilrichtungen zeigen sowohl in der altchristlich-romanischen wie gotischen Periode, wenngleich hier in oft verzerrter, starr stilisierter Form, die sich auch die Neuzeit wieder zu eigen machte, zu dekorativen Zwecken in der Baukunst wie im Kunstgewerbe ornamentale Tierformen, wie z. B. als Dachwasserspeier und Fußträger von Säulen und Pfeilern, Fig. 5—7 und 11 auf Taf. 13. Zur bildlichen Darstellung gelangen hierbei fast alle Tiergattungen, wie Pferd, Schaf, Ochse, Fisch, besonders Delphingestalten, Löwen, Tiger u. s. f., hierunter oft Köpfe allein, naturalistisch, wie als stilisierte Ziermasken. Dasselbe gilt von der menschlichen Gestalt. In der Heraldik des Mittelalters und der Renaissance findet besonders die Löwenfigur (stilisiert) als Wappen große Verwendung, wie überhaupt dieselbe bis in die Neuzeit sich (auch symbolisch) der Bevorzugung erfreut.

Der Löwe als tierisch-ornamentale Hauptfigur galt bei den Griechen und Römern als Tor- und Tempelwächter, und diese Symbolik hat sich erhalten durch die ferneren Kunstepochen, indem die Löwengestalt auch stilisiert als Brunnenfigur, auf Treppenwangen, vor Toren und bei Denkmälern sich überall vorfindet.

Im Allgemeinen findet der Löwenkopf allein noch größere ornamentale Verwendung, als die ganze Figur des Löwen, z. B. als Wasserspeier bei den antiken Tempelsimas, Fig. 5, Taf. 18 und Fig. 1, 2, Taf. 37, als Türklopfer mit Ring, Fig. 2, Taf. 14, und dekorativ an Stelle von Rosetten, in Schildformen u. s. f. Der Löwenkopf direkt auf seinen Fuß gestellt, und als antiker Tischfuß angewendet, heißt Trapezophor, Taf. 46, Fig. 1—4. Bei den übrigen Tiergestalten genügt die bereits erwähnte Andeutung und würde nur der Adler, ähnlich wie der Löwe, in seiner dekorativen Funktion besonders herauszuheben sein, schon weil er ganz besondere Auszeichnung bei der Ornamentierung der antiken Welt fand, vornehmlich als Symbolik der Kriegführung und als Siegestrophäe bei den Römern. Daher ist die Adlerfigur besonders in die spätere Heraldik aller Völker aufgenommen, in welcher Verwendung dieselbe jedoch stark stilisiert erscheint. Z. B. Fig. 23, Taf. 13.

Mit dem Adlerkopf in gewisser Beziehung steht die fabelhafte antike ornamentale Tiergestalt der sogenannten Greifen und Chimären, Fig. 5, 7 und 12 auf Taf. 14. Dieses sind Gestalten und Darstellungen von Mischfiguren verschiedener Tiergattungen, welche z. B. auf einem Löwenleibe einen Adlerkopf oder Stierkopf mit Flügeln zeigen, oder wie die ägyptischen Sphinxe einen Menschenkopf auf ersterem, ferner Kentaurengestalten mit Menschenleibern auf Pferdeleibern, Fig. 2, Taf. 13, Taf. 15 u. s. f., letztere Arten Darstellungen bezeichnet man besonders als Chimären, während speziell Greife Tiergestalten mit Vogel-(Adler-)köpfen sind; als Bekrönungsfiguren, Wappenhalter etc. verwendet.

Flügel bedürfen nur insofern einer besonderen Erwähnung, als dieselben also nicht bloß an Vogelleibern in der Kunst dargestellt sind, sondern auch bei Chimären, Greifen und an der menschlichen Gestalt, wie die Figuren auf Taf. 14 und 15 zeigen, bei den Ägyptern und Assyrern war ein besonderer symbolischer Zierrat die geflügelte Sonne, Fig. 3a, 14.

Der Delphin. Dieses Seetier, eine kleine Haiart, im Mittelmeer lebend, war schon den Alten bekannt. Seiner biegungsfähigen Gestalt wegen war er ganz besonders in die tierische Ornamentik aufgenommen und am meisten in der Stilepoche der Renaissance angewendet, hauptsächlich in Verbindung mit dem Rankenornament. Vornehmlich auch als symbolisches Zeichen im Meer- und Flußgebiet, bei Wasseranlagen aller Art, Brunnen, Bädern und Wasserleitungen. Als ganze Figur angewendet, dient die Delphinfigur in Verbindung mit dem Dreizack als ornamentaler Zierrat in der Malerei und Plastik.

Der Verwendung der menschlichen Gestalt endlich kann hier nur als stilistischer Form Erwähnung getan werden, und besonders des Kopfes nur als Maske, Fratze oder Groteske. In durchaus stilwidriger und unschöner Weise hat die heutige sogenannte „Moderne“ den menschlichen Kopf unvermittelt naturalistisch und realistisch ornamental angewendet, wofür es keine Entschuldigung gibt, da die für alle Zeiten gültige Ausdrucksweise der Kunstästhetik auch hier nicht willkürlich umzustoßen ist. Die ganze menschliche Figur in natürlicher Form, in das Ornament bezogen, kam nur bei den Portal- und Relieffiguren der Assyrer vor, Fig. 3, Taf. 14, und bei den Griechen als weibliche Figurenstütze an Stelle von Säulen und Pfeilern. Der Kentauren- und Sphinxgestalten wurde als Chimären schon gedacht. Eine schön stilisierte Gruppe der ornamental-menschlichen Gestalt bilden die Hauptfiguren, in Verbindung mit Pflanzen- und Rankenwerk, welches gewöhnlich aus einem an den Leib gesetzten Akanthuskelch hervorkommt und in dieser Form bereits an den römischen Tempelfriesen zu finden ist, Fig. 5, Taf. 15. Diese Schmuckform ist besonders schön in der italienischen Renaissance ausgebildet und hat sich bis heute durch alle Kunstepochen erhalten. Aus dieser Form der Halbfigur ist die Groteske hervorgegangen, welche den menschlichen Leib in Verbindung mit Fisch- und Drachenleibern bringt und in sonstigen phantastischen Auswüchsen gipfelt, Fig. 8, Taf. 15. Derartige Grotesken bilden aber auch andere zusammengesetzte tierische Gebilde, die in Verbindung mit Pflanzenornament schon in der Ornamentmalerei der Römer und Pompejaner bekannt waren, sie sind vornehmlich auch in der italienischen Renaissance beliebt; ein hervorragendes Beispiel hierfür sind die Loggienmalereien des Vatikans mit den Pfeilerfüllungsornamenten von Raffael.

Die Masken können uns hier nur als stilisierte Fratzen interessieren, deren menschliche Gesichtsbildungen nach oben oder unten oder ringsum im Blattwerk auslaufen und deren ornamentale Anwendung durch alle Stilepochen reicht. Besonders die Renaissance verwendet die Maske auch als Schmuck für Schlußsteine und Konsolen, sowie für symbolisierte Säulen und Pilasterkapitäle und für sonstigen Zierrat.

Tafel 13. Fig. 1. Römischer Pferdekopf (Relief) in naturalistischer Auffassung.

Fig. 2. Liegende Sphinx (Menschenkopf mit Löwenleib), ägyptisch, konventionelle Schmuckfigur vor Portalen ägyptischer Tempel (allg.).

Fig. 3. Persischer Stierkopf. Von der Halle des Xerxes zu Persepolis (allg.).

Fig. 4—10. Mittelalterliche (gotische) Wasserspeier. Notre Dame, Paris, 1240 (allg.).

Fig. 11. Pfeilertragender Löwe von der Kirche zu Arles. Mittelalter (nach Ebe, Schmuckformen.)

Fig. 12. Chimäre, sitzende Sphinxfigur als Kraterträger eines griechischen Kandelabers (allg.).

Fig. 13, 13a. Delphine vom Ornamentfries der Kirche Maria della Pace, Rom. (Gh.)

Fig. 14, 15 und 16. Ornamentale Masken der Renaissancezeit, italienisch und vom Augsburger Rathaus (nach Leybold).

Fig. 17. Widderkopf, römisch.

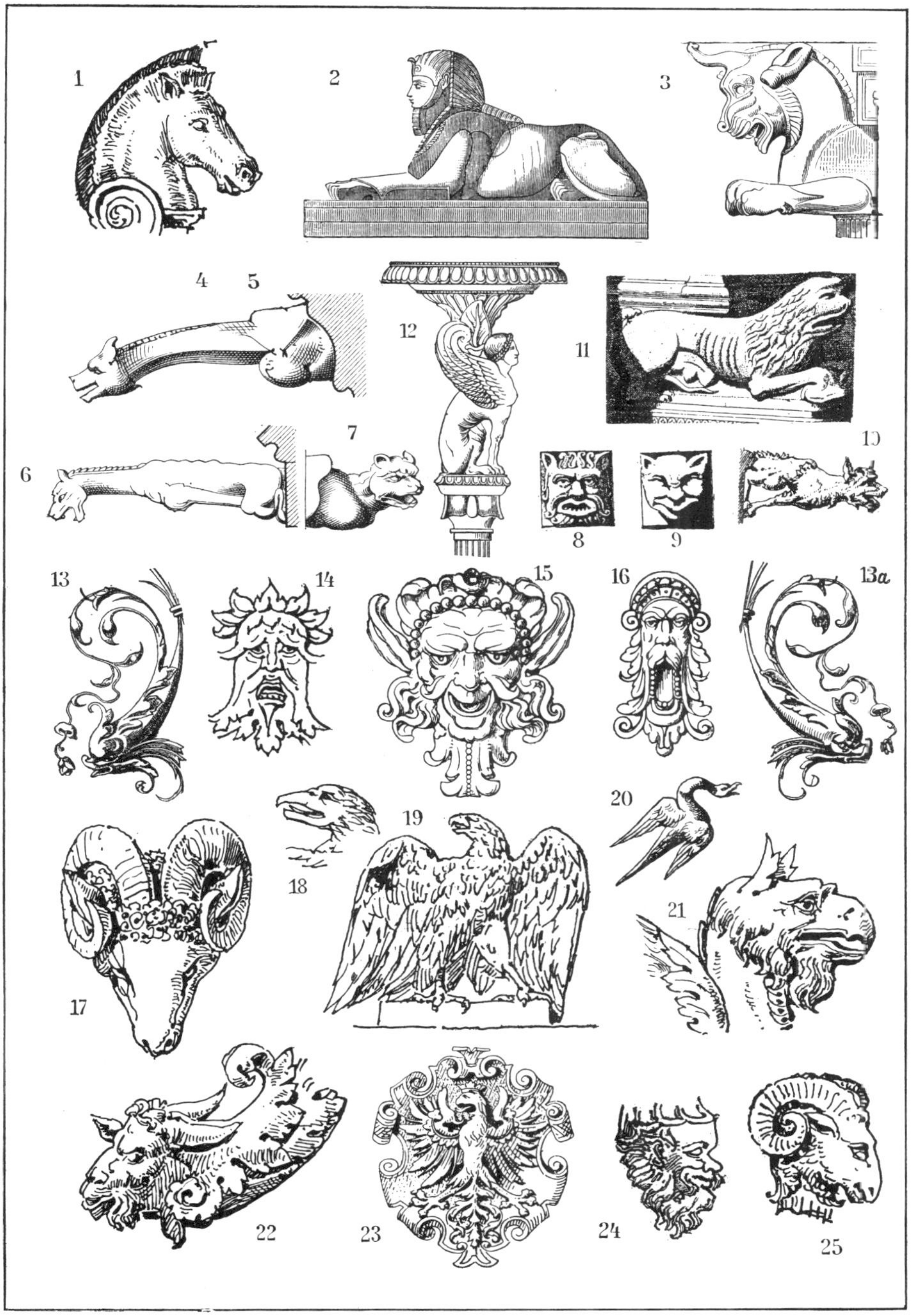

Tafel 13. Naturformen. Tiermotive, Masken, stilistische Tierformen.

Fig. 18 und 19. Adler (nach Rauch).

Fig. 20. Schwanenrumpf.

Fig. 21. Chimärenkopf, Greif von einer Marmorfüllung in Madonna dei Miracoli, Venedig (allg.).

Fig. 22. Widderkopf, stilistisch ornamental von einer Marmorfüllung in Venedig (allg.).

Fig. 23. Moderner Wappenadler in Schildform.

Fig. 24. Maske als Henkelansatz, antik (Gh.).

Fig. 25. Widderkopf als Henkelansatz, modern.

Tafel 14. Fig. 1. Ochsenkopf mit anschließendem Feston im Fries vom Tempel der Vesta zu Tivoli, Rom (nach Semper).

Fig. 2. Naturalistischer Löwenkopf aus der Renaissancezeit, als Ringhalter verwendet.

Fig. 3. Menschliche Relieffigur von einem Tempelfries in Kujjundschik, assyrisch (allg.).

Fig. 3a. Konventionelles Türflügelornament, altägyptisch, an fast allen Tempelportalen als Bekrönung zu finden (allg.).

Fig. 4. Römisches Marmorpostament von einem Altar oder Kandelaber (Glazier).

Fig. 5 und 7. Reliefs mit geflügelten Tiergestalten, griechisch (allg.).

Fig. 6. Moderner Löwenkopf von der Großen Oper in Paris (nach Garnier).

Fig. 8—10. Griechische Wasserspeierköpfe von Selinunt, Sizilien (nach Mauch).

Fig. 11. Dachrinnenkopf vom alten Stuttgarter Schloß (Gh.).

Fig. 12. Tierakroterie, seitliche Bekrönung vom Tempel auf der Insel Ägina, griechisch-dorisch (nach Mauch).

Fig. 13. Gemalter moderner Löwenkopf, als Mittelstück eines Ornaments.

Fig. 14 und 15. Hilfsfigur in Ausführung eines (heraldischen) Wappenlöwens, gotisch.

Fig. 16. Moderner Wappenlöwe, gemaltes Ornament (allg.).

Tafel 15. Tierformen mit gemischter Ornamentierung und künstliche Ornamentformen.

Fig. 1—9 gehören der ersteren Gattung an, wie auch auf Taf. 13 und 14 zu finden.

Fig. 1. Natürliche Muschel, Nautilus.

Fig. 2—3. Außen- und Innenansicht der Pilgermuschel.

Die Schale der Schneckentiere und Muscheln ist besonders als Pilgermuschel in den Stilarten der Renaissance, des Barock, des Rokoko und der Neuzeit sehr häufig als Dekorationsmotiv in der Baukunst be-

Tafel 14. Naturformen. Tiermotive, stilisierte Tierformen.

Tafel 15. Natur- und Kunstformen. Halbfiguren, Grotesken, Embleme.

nutzt für obere Nischenabschlüsse und Bekrönungen aller Art, aber auch das Kunstgewerbe hat vom Gegenstande selbst praktischen Schmuckgebrauch gemacht, z. B. als flache Schalen und als Gefäße auf metallene Füße gesetzt, wozu sich besonders Fig. 1 der Nautilus eignet.

Fig. 4. Menschliche Maske, italienische Renaissance (typisch).

Fig. 5. Römisches Fries-Relief vom Forum des Trajan (allgem., Mauch etc.).

Fig. 6 und 8. Grotesken als Pferd- und Menschengestalt mit Fisch- oder Drachenschwänzen, italienische Renaissance (typisch).

Fig. 7. Römisches Kandelaber-Postament. Museum London (Glazier).

Fig. 9. Groteske von einem Majolika-Fußboden zu Siena (1405 bis 1520, Must. O.).

c. Künstliche Formen. Embleme, Wappen etc. nach antiken und modernen Vorbildern zusammengestellt vom Verfasser, in Tafel 15, Fig. 10—20.

In der Einleitung wurde bereits die Ornamentierung mit künstlichen Formen erwähnt, d. h. mit Darstellung künstlich gefertigter Gegenstände, welche als Symbole und Sinnbilder gelten für menschliche Einrichtungen und Künste; hierher gehören die „Trophäen“ des Krieges und der Jagd, wie allerhand Waffen und Schilde, und die „Embleme“ des Friedens und deren Beschäftigungsberufe mit ihren Gegenständen und Instrumenten, sowie der schönen Künste der Musik, Dramatik, Plastik, Architektur und Malerei.

Auch die kirchlichen Geräte und Würdezeichen zur Ausschmückung von Kirchen und kirchlichen Einrichtungen gehören hierher.

Alle diese Dinge sind jedoch bei der Dekoration nicht als zufällige alleinstehende Beigaben zur Erscheinung zu bringen, vielmehr immer im richtigen Zusammenhange und in Verbindung mit dem jeweiligen für Ort und Zweck gewählten geometrischen oder Pflanzen- und Rankenornament oder in Verbindung mit natürlich flatternden Bändern oder in schildförmigen Umrahmungen und dergleichen.

Die Figuren 10—20 sollen im allgemeinen nur eine Vorstellung vom Gesagten geben, da weitere Beispiele im späteren Verlauf der Darstellung aufgeführt sind.

Die Fig. 10, 11, 12 und 13 sowie 16 z. B. sind „Embleme“ des Friedens in der Musik und Dramatik, Malerei und Architektur oder Zeichenkunst, während Fig. 14, 15, 17, 18, 19 und 20 „trophäenartige Darstellungen“ des Krieges vorführen.

Tafel 16. Verbindung künstlicher und natürlicher Formen. Ein Mittelding zwischen Naturformen und künstlichen Formen bilden

Tafel 16. Künstliche Formen. Flatternde Bänder, Gehänge, Fruchtschnüre.

die sogenannten Gehänge und Festons, sowie flatternden Bänder. Zum Zwecke und Ausdruck festlichen Schmuckes, wie derselbe in natürlichen Blumen- und Blattgirlanden und -kränzen zwischen Masten und an Häusern und sonstigen zu schmückenden Stellen angebracht wird, sind die Nachahmungen hiervon in der Kunst bei allen Völkern und in allen Stilarten als Dekorations-Motiv verwendet worden, nicht nur in der Malerei, sondern auch als plastische Gebilde für freien Wandschmuck, in Füllungen und anderen passenden Orten. Besonders im römischen Stil, bei der Renaissance und neuerdings wieder, sind die Festons, Girlanden und Fruchtschnüre, d. h. Blumen und Früchte mit Blättern, durch Bänder zusammengewundene und gehaltene Stränge und Bündel in allerhand Formen in obiger Weise dargestellt, wobei die freien Bandenden herabhängen oder mit wimpelartiger Teilung in geschwungener Linienführung den seitlichen Raum ausfüllen. Von den Römern, bei denen die Festons zwischen Tierschädeln oder Masken und Ständern angehängt, besonders als Zierde der Tempelfriese zu finden sind, ist diese Art der Dekorierung in die italienische Renaissance aufgenommen, und nachher in freier Behandlung auf alle anderen Bau- und Flächenteile der Dekoration übergegangen. Das Feston ist dabei auch als hängende Fruchtschnur, Fig. 5, Taf. 16, und zusammengesetzt senkrecht und wagerecht hängend in Bündel geknüpft, angewendet, Fig. 8, Taf. 16. Endlich auch ist die Fruchtschnur in gerader Linie, straff gezogen, zu allerhand Umrahmungen und als Friesfüllung benutzt, wie Fig. 9 und 10, Taf. 16 zeigen, ebenso zu freier Füllhornverzierung. Eine besondere Form des Festons sind auch die Tuch- und Draperiegehänge und Lorbeerblattgewinde. Die freien Bänder sind besonders im Mittelalter vielfach als sogenannte Spruchbänder gestaltet mit geschlitzten ineinander geschwungenen Enden, und solchergestalt gehört die ganze Gruppe der Gehänge und flatternden Bänder mehr zu den künstlichen, als natürlichen Formen in der Ornamentik.

Tafel 16, Fig. 1. Lorbeergewinde in Partiebündeln gerafft. Renaissancezeit.

Fig. 2—4. Verschiedene Formen von Tuch- und Draperie-Gehängen (nach Racinet).

Fig. 5. Senkrecht hängende Fruchtschnur. Renaissance.

Fig. 6. Teil einer Lorbeergirlande eines römischen Grabmals der Renaissance von Perruzzi.

Fig. 7. Frucht- und Blumengehänge (Feston) mit flatternden Bändern.

Fig. 8. Fruchtschnur, senkrecht und wagerecht hängend, von einem römischen Grabmal der Renaissancezeit.

Tafel 17. Künstliche Formen. Festons, Gehänge.

Fig. 9—10. Geradlinig straff gezogene Fruchtschnüre. Fig. 9 von den Bronzetüren des Baptisteriums zu Florenz von Ghiberti (Glazier).

Fig. 11. Bekrönungsornament vom Palais Luxembourg zu Paris (Ebe).

Fig. 12 und 13. Spruchbänder.

Tafel 17, Fig. 1—10. Zusammenstellungen und Kompositionen verschiedener Gehänge und Gewinde der Renaissance-, Zopfzeit und des modernen Barock vom Verfasser.

Fig. 1. Gehänge im Zopfstil nach alter Vignette.

Fig. 2. Lappengehänge an Helmzierrat; mittelalterlich.

Fig. 3. Schnurgehänge, modern.

Fig. 4. Kranzgewinde im modernen Barock.

Fig. 5 und 6. Gehänge im Zopfstil des 18. Jahrhunderts.

Fig. 7. Kombiniertes Gewinde im Renaissancestil.

Fig. 8 und 9. Gehänge an modernen Schildformen.

II. Abteilung.

**Das Einzelornament,
in systematischer Anordnung und Reihenfolge der historisch stilisierten Anwendung
vornehmlich in der Baukunst, sowie dem verwandten Kunstgewerbe.**

Allgemeines.

Betreffs der Stilformen und Ornamentation der Architektur bei den verschiedenen Völkern und in den verschiedenen Zeitepochen wäre zunächst folgendes zu bemerken:

1. Die ägyptische und assyrisch-babylonische Baukunst betätigte sich hauptsächlich durch Tempel und Grabmäler im Steinbau sowie Backsteinbau mit Granitplattenbekleidung (Felsengräber, Pyramiden). Die Grabfassaden der Felsengräber sind als Portikus mit Säulen und Tragebalken gebildet, welch letztere ebenso wie die oberen Wandabschlüsse der Tempel durch eine riesige Hohlkehle begrenzt sind, welche mit streifenartig gestellten schmalen Blättern verziert ist. Unterhalb der Kehle und als Eckbegrenzung der Wände ist stets ein Rundstab angebracht, mit aufgemalten Bändern (als Zickzacklinie) um die Wände wie Flächen mit daran aufgehängten Teppichen erscheinen zu lassen. Die Säule der Tempel ist meist nur für den Innenraum (Säulensaal) verwendet, mit Lotosblüten- und Kelchkapitäl, Taf. 42, Fig. 1—4. Der Lotos ist überhaupt das charakteristische ägyptisch-assyrische Ornamentmotiv dieses Stiles und überall verwendet.

Ferner sind Zickzacklinie, Mäander und schachbrettartige Muster die Merkmale der Ornamentierung, die sich vielfach in senkrechte Streifen gegliedert darstellt. Außerdem ist die Sonnenscheibe zwischen Schlangenköpfen mit ausgebreiteten Flügeln als Portalmittenbetonung in der Hohlkehle bemerkenswert und geradezu konventionell, Taf. 14, Fig. 3a. Bei der assyrischen Ornamentik, wie derjenigen der indischen und der sonstigen mohammedanisch-orientalischen Völker (Perser, Türken, Mauren etc.), ist die blumenreiche, teppichartige Flächendekoration bemerkbar.

2. Die griechische Baukunst gipfelt im herrlichen Tempelbau

und dessen ornamentaler Ausbildung mit innerer gerader Decke. Die vier verschiedenen Stilarten desselben, vorzugsweise die charakteristischen Säulenordnungen.

Tafel 18. Fig. 1—4 sind später dargestellt und beschrieben. Die griechische Ornamentik charakterisiert sich:

a) in der Bemalung und plastischen Ausgestaltung der Bauglieder (Gesimse mit Untergliedern), wobei das Akanthusblatt und Palmenblatt (Palmette), sowie noch der Lotos eine hervorragende Rolle spielen. Außerdem Perlen- und Blätterstäbe, Winkelstäbe (Eierstäbe), Blattstäbe.

b) in figürlicher und ornamentaler (rankenförmiger) Bemalung und Behandlung der Gefäße und

c) in der Kapitälausbildung der Säulen, Taf. 42 und 43.

Die Tempeldecken zeigen sich meist als Kassettendecken, d. h. in quadratischer Felderteilung mit deren ornamentierten einfassenden Gliederungen der Quadrate und sternförmige Bemalung des Innenkerns, Taf. 36, Fig. 1—3.

3. Die römische Baukunst und Ornamentik zeigt sich in demselben Sinne wie die griechische, nur in reicherer Fülle und Formen ausgebildet, wozu noch die Ornamentierung des Bogens und der Gewölbe hinzutritt. Die Beispiele sind später aufgeführt. Als besondere Eigenart müssen die herrlichen pompejanischen Wandmalereien angeführt werden nach griechischem Muster, Taf. 12, Fig. 7. Fries.

4. Die altchristlichen Stile: der römisch-byzantinische und germanisch-christliche basieren in der Hauptsache auf der Antike, jedoch ist die (Tempel-)Kirchenform als christliche Basilika neu und charakterisiert sie sich durch einen länglich viereckigen Saalbau mit halbrundem Abschluß (Apsis), an den nach rechts und links zwei niedrigere Seitenschiffe mit bogenförmigen Fenstern angefügt sind. Die Decke ist zunächst noch eine gerade geschlossene (Kassetten-)Decke und die Kuppel, bei römischen Rundbauten vorkommend, nach außen durch Zeltdach geschlossen, bei den byzantinischen Zentralbauten jedoch durch Kuppeln. (Sophienkirche zu Konstantinopel, St. Marco zu Venedig etc.) Charakteristisch für diese ganze Stilepoche sind die reichen Mosaiken und Gemälde auf Goldgrund, welche neben ornamentalen Teppichmustern viele figürliche Darstellungen zeigen, während der germanisch-christliche Stil sich in „Miniatur-Malereien“ ergeht, besonders in großem Buchstabenzierrat.

Das plastische Ornament dieser Zeitepoche behandelt zunächst das Säulenkapitäl (die Säulenstellungen tragen jetzt immer Archivolten, Taf. 20 und Taf. 26, Fig. 6 [k. k.], die Bogenstellung ist vorherrschend),

Tafel 18. Bauformen. Antike Architektursysteme, Ordnungen als: Gebälk mit Hauptsims, Fries, Architrav und Stütze.

in der alten reichen römisch-choriatischen Weise, daneben entsteht jedoch die neue Form des Würfelkapitäls, Taf. 43, Fig. 7—11 und 20, mit nach unten (aus dem Ansatz der Säule heraus) abgerundeten Ecken; die oberen vier Kapitälflächen sind reich ornamentiert. Die Hauptrolle der Ornamentik spielt das Akanthusblatt und -Ranke, und zwar in einer neuen, massig gegliederten Form mit spitzig scharfem Blattschnitt, Taf. 43, Fig. 6 und 7 und Taf. 75, Fig. 6 und 7, mit und ohne Durchsetzung geometrischer Bandornamente oder Tiergestalten, Kreuze etc. Die übrige Anwendung beschränkt sich auf Portalumrahmungen und Friese des plastischen Ornaments.

Bei der mohammedanischen Ornamentik ist noch die Bogenform des Hufeisens, Taf. 21, Fig. 10, und des zellenartigen Stalaktitengewölbes zu erwähnen, über welchen meist unvermittelt die in allen möglichen geometrischen Blumen- und Rankenformationen sich darstellende Flächendekoration anfängt. Auch das eigenartig kelch-würfelförmige Säulenkapitäl ist noch zu erwähnen, Taf. 42, Fig. 8, 9.

Der Ausdruck „Arabeske“ entstammt speziell den maurisch-arabischen Flechtmustern.

Im übrigen muß auf die sich folgenden Darstellungen des Buches verwiesen werden.

5. Der romanische oder Rundbogenstil, wie der altchristliche Stil aus den römischen Grundformen hervorgegangen, bildete recht eigentlich den Rundbogen und das Rundbogengewölbe aus und dauerte etwa vom Jahre 1000—1250. Charakteristisch für die Architektur und deren Ornamentierung sind die Rundbogenfriese, Triforien (dreiteilige kleinere Fenstergruppen mit Rundbogen), Rundbogengalerien mit eingestellten Säulchen und die reichen Portalumrahmungen. Die Ornamentmotive bilden einerseits Flechtbänder mit und ohne Ranken- und Blattwerk, geometrische Bänder der Zickzacklinie, schachbrettartige und schuppenförmige Muster und Mäander, sowie das Akanthusblatt. Alle diese Motive stehen auf der Formengrundlage des altchristlichen Ornaments, jedoch ist das Akanthusblatt allmählich mit rundbogigem Blattschnitt und beim Säulenkapitäl sogar mehr in knospen- und knollenförmiger Weise ausgebildet. Taf. 43, Fig. 12 und 13.

Auch hier sind beide Arten des Kapitäls, das würfelförmige und das dem korinthischen nachgebildete vertreten, letzteres jedoch mit rundem Deckel und eigenartig gestrecktem langen Blatt mit blütenförmigem Überfall. Dazwischen sind später noch naturalistische Blätter und Blüten eingestellt. Taf. 43, Fig. 16 und 17.

6. Der gotische Stil oder Spitzbogenstil, um das Jahr 1200

von Frankreich ausgegangen, behauptete sich in ganz Europa bis gegen 1500. Am strengsten und sorgsamsten in Deutschland ausgebildet, ist dieser Stil in Italien nie recht zur selbständigen Geltung gekommen, wo die antiken Formen bis heutigen Tages die Oberhand behielten. Der Spitzbogen tritt in allen Gestaltungen auf. Zwei Epochen, die des frühgotischen und des spätgotischen Stils, sind in der Form der Ornamentik durchaus bemerkbar. Während die erstere sich mit ihrer Blatt- und Rankenbildung noch durchaus an die runden knospen- und knollenartigen Gebilde der romanischen Epoche hält, tritt letztere mit spitz- und lanzettförmigen Blättern, bis zu starr viereckigen, an den Kanten eingebogenen Verzerrungen auf, Taf. 11, Fig. 20, welche den Verfall dieses Stils kennzeichnen. Die Ornamentik bewegt sich einerseits in geometrischen Mustern, hauptsächlich durch das charakteristische sogenannte „Maßwerk“, Taf. 6 und Taf. 52, Fig. 17, der Fenster, Giebel, Rosen, und sonstiger Bogenform, anderseits in naturalistisch gebildetem Blattwerk, teilweise mit Grundformen des Akanthus, aber in recht veränderter Form. Säulenkapitäle, Krabben, Kreuzblumen, sowie Hauptsimsfriese, Galerien sind die hauptsächlichsten architektonischen Bauteile für Schmuckformen, ähnlich denen der romanischen Kunstepoche.

Außerdem sind hier noch die zum ersten Male in der Kunstgeschichte auftretenden reichen und schönen dekorativen Glasmalereien, Taf. 107, Fig. 12—15 etc., zu erwähnen, welche eine eigene Entwickelungsstufe dieses Stiles sind.

7. Der Baustil der Renaissance geht zurück auf die Formen der Antike, besonders der Römerzeit und tritt zuerst um die Mitte des 15. Jahrhunderts in Italien auf.

Die weitere Ausbildung dieses Stiles hat in den verschiedenen Ländern eine recht mannigfache und eigenartige Ausdrucksweise erfahren, welche in die beiden Hauptgruppen der südlichen (italienischen) und nordischen (vorwiegend deutschen) Renaissance zusammenzufassen ist. Dabei treten bei der italienischen wie bei der deutschen Renaissance die gesonderten Epochen der Früh- und Spät-Renaissance auf, erstere etwa 1430—1500, letztere 1500—1650.

Während bei den vorchristlichen und mittelalterlichen Stilepochen der Tempel- und Kirchenbau die Hauptsache war, ist in der Renaissancezeit vorwiegend der Profanbau Gegenstand der Ausbildung, architektonisch sowie ornamental-dekorativ; der Kirchenbau (besonders in Italien) schließt sich diesen Formen an.

Der Pilaster (Säulenpfeiler) erfährt eine mehr oder weniger reiche Ornamentierung, oft auch der Säulenschaft; auch die Kapitäle (während der Frührenaissanceperiode das korinthische) erhalten eine freie phantasievolle Ornamentierung, z. B. Taf. 74 und 75.

Das Ornament selbst ist für die architektonischen Gliederungen der Antike entnommen und ziemlich unverändert angewendet, während das Rankenornament und der Akanthus, überall als vorwiegend hervortretend, in seiner Ausbildung zur höchsten Vollendung und Schönheit gebracht wurde, besonders in Italien.

Soweit sind die Eigenschaften der Ornamentik beiden Gruppen, der südlichen wie nordischen, ziemlich gemeinsam, besonders bis etwa 1500. Vom Anfang des 16. Jahrhunderts jedoch bildet die deutsche Renaissance ihre eigenen Formen, welche Hand in Hand gehen mit der Form der deutschen Giebelhausbauweise insofern, als jetzt die ganze Fassade mit dem Frontgiebel ornamental ausgebildet wurde. Da diese Architekturausbildung schon während der gotischen Stilepoche stattfand und von dieser mehr oder weniger in die Renaissance überging, so ist die besondere Eigenart der Stilformen letzterer erklärlich; auch die kleinlicheren Stockwerks- und Größenverhältnisse des nordischen Wohnhausbaues trugen viel zu den veränderten Schmuckformen bei. Ebenso ist der „Erkerausbau“ an der Fassade eine Besonderheit der deutschen Renaissance und wird mit Vorliebe reich dekoriert.

Charakteristisch ist das Voluten- und Schnörkelwerk des Giebels, z. B. Taf. 57, Fig. 2, Taf. 58 und 59 etc., unterbrochen durch die senkrechten Streifen oder Pilaster mit pyramidalen Spitzenaufsätzen (Obelisken), welche die Stelle der gotischen Fialen und Wimpergen vertreten.

Außerdem ist der deutschen, auch französischen und englischen Renaissance das verschnörkelte Flecht- und Bandwerk, Taf. 76, Fig. 1, 4—7 und 9, des Ornaments, sowie die kartuschen- und schildförmige Verzierung mit eingerollten Lappen etc. eigen, welche die italienische Renaissance nicht kennt. Taf. 71 und 72.

Die Formen der Spät-Renaissance und des Barock sind wuchtiger in ihren Ausdrucksmitteln: die Ornamentik besonders des Pflanzen- und Rankenwerkes ist weniger angewendet, dafür massiger und in derberen römischen Formen; die Bauformen und Verhältnisse werden bedeutend vergrößert, Giebelvoluten in langen Linien gedehnt und die Einzelzierformen plastisch herausgedreht und in derberen Ausladungen, bis auch hier eine Überladung eintritt, welche man als „zopfig“ bezeichnet. Taf. 76, Fig. 12.

8. Zopf- und Rokokostil sind oft nicht auseinander zu halten, und nur die größere Zierlichkeit, welche dem Rokoko im Ornament eigen ist, mit seinen feinen Ranken und natürlichem Blumenwerk, gibt

letzterem das Charakteristische, was man auch Stil Ludwig XV. nennt, etwa 1720—1780.

Für die Dekoration und Ausstattungsstücke, Möbel etc. der Innenräume findet dieser Stil mehr Anwendung, als in der äußeren Architektur. Die geschwungenen Linien sowohl in der überreichen Ornamentik, als auch in den Gesamtformen der Architektur führten endlich zurück zu den einfachen geradlinigen Formen der Antike und ihren Verzierungen, wenngleich in mehr oder weniger unverstandenem Sinne, und bildeten den Stil Ludwig XVI., der, unter Napoleon I. zur Blüte gelangt, mit dem „Stile Empire“ bezeichnet wird, 1774—1820. Ähnlich wie bei Fig. 20, Taf. 76, nur noch einfacher.

Außer in architektonischen Ziergliedern und Leisten findet die Ornamentik fast nur noch in Emblemen, dünnen herabhängenden Girlanden und Kränzen mit Schleifen oder Tüchern, ovalen Medaillons etc. ihren Ausdruck, bis endlich auch dieser Schmuck wegfiel und vollständiger Nüchternheit Platz machte, die sich allein auf steife einfache Formen beschränkte, und den Verfall sämtlicher Kunst bedeutete, bis etwa zum Jahre 1840. Erst von da ab und nachdem in Deutschland bereits die ersten Schinkelschen Bauten im ursprünglichen Sinne und in der Formenreinheit der griechischen Antike aufgenommen waren, denen die Monumental-, Museums- und Theaterbauten in München, Wien etc. folgten, griff Gottfried Semper zurück zu den herrlichen Formen der italienischen Renaissance und ihm hauptsächlich verdanken wir die Erneuerung des reichen Kunstlebens der Neuzeit, für welche dieser Künstler epochemachend gewirkt hat.

Nachdem im hier Vorangegangenen die charakteristischen Merkmale der verschiedenen Bauteile erläutert, sowie die hauptsächlichsten Arten der Bauwerke angeführt worden sind, folgen nunmehr die Einzelteile und Architektursysteme derselben in den Darstellungen auf Tafel 18—34 zum Zwecke der späteren Vorführung und Anwendung der hierfür passenden Ornamentierung. Zunächst kommen die Systeme und Architekturteile der antiken Bauweise der Griechen und Römer in Betracht als Grundlage für die Entwicklung aller folgenden Zeitabschnitte und Stilrichtungen. Jedes Bauwerk besteht aus den Elementen: Wand, Decke und Fußboden; hierbei treten die Wände nicht bloß als schützende und umschließende Teile der Innenräume auf, sondern auch als tragende für die Decken der Innenräume und das ganze, den Gesamtbau überdeckende Dach. Die Wände können aber auch durch einzelne, in bestimmten Zwischenräumen stehende quadratische Mauerpfeiler oder runde Säulen als Einzelstützen des Daches ersetzt sein und das Dach mit gerader Überdeckung, wie in der griechischen

Bauweise, tragen oder in bogenförmiger Überdeckung von Stütze zu Stütze, wie zuerst bei der römischen Bauweise.

Bei gerader horizontaler Überdeckung liegt über den Stützen zunächst das sogenannte Gebälk; dessen Hauptbestandteile sind der von Stütze zu Stütze oder über diese hinwegreichende Tragebalken (Architrav), welcher die Deckenbalken als zweiten Hauptbestandteil aufnimmt. Die äußere Fläche desselben kennzeichnet sich als sogenannter „Fries" und hierüber wieder liegt die Dachkonstruktion mit abschließenden Dachtraufenteilen des sogenannten Hauptgesimses als dritter Hauptbestandteil des Gebälkes. Das Ganze bildet die antike Tempelform, wie in Fig. 10, Taf. 18 dargestellt, bei welcher sich die Beziehung zwischen Wand, Stütze und Decke am klarsten ausdrückt. Dieses Stützensystem, gleichviel ob mit vierkantiger Pfeiler- oder runder Stützen-(Säulen-) Form ist nun in der antiken Bauweise in verschiedener Ornamentationsweise ausgebildet, deren hauptsächlichstes Merkmal der Säulenkopf oder das Kapitäl bildet, und unterscheidet man dabei vier Hauptarten, nämlich:

Die dorische, ionische, korinthische und die aus letzteren beiden zusammengesetzte oder römische Komposita-Baustilart oder sogenannte Ordnung. Diese 4 Stützsysteme nennt man allgemein auch Säulenordnungen mit oben angeführter Spezial-Stilbezeichnung: als dorische, ionische, korinthische und Composita-Ordnung, je nach der betreffenden Ornamentierungsweise, welche sich übrigens nicht nur auf das Kapitäl, sondern auch auf die übrigen Teile der Säule und des Gebälkes erstreckt.

Die jeweilig angewendete Säulenordnung des Bauwerks bildet aber seltener gleichzeitig den Abschluß des Innenraumes (die Cella), sondern ist vielmehr meist den, die Cella umschließenden Wänden frei vorgestellt als bloße Dekoration, so daß die Wände selbst wiederum durch Fenster und Türen unterbrochen sind. Dies zeigt ebenfalls Fig. 10, Taf. 18 und Fig. 1, Taf. 19. Hierbei erfahren die Fenster und Türöffnungen eine besondere ornamentale Umrahmung, von welcher Dekorationweise Fig. 9, Taf. 18 eine teilweise Darstellung gibt.

Die Anwendung des Rundbogens als Säulenbogenstellung frei zwischen Stützen oder als Fenster- und Tür- oder Portalöffnung zwischen die Säulenordnungen eingestellt, und als innerer Gewölbebau, sowie endlich als halbkugelförmiges Kuppeldach ist die Eigenart und besondere Erfindung des römischen Baustils, welche alle späteren Zeitepochen in verschiedener Stilform nachgeahmt haben. Dies gilt vom altchristlichen Basilikenbau mit gerader Decke, wie ebenso vom romanischen Kirchen- und Profanbau, wie bei der Renaissance. Die Gotik hat dagegen durch die Umwandlung und Ausbildung des Rundbogens zum Spitzbogen der Baukunst im dekorativen wie konstruktiven Sinne ein neues Stilelement hinzugefügt, welches besonders beim Kirchenbau auch in der inneren Raumüberdeckung mit Spitzbogengewölben zur Geltung gelangt. Die Säulenstellungen als systematische Säulenordnungen sind in der mittelalterlichen Bauweise überhaupt zurückgedrängt zu Gunsten der tragenden Wand, bei welcher die Säule nur noch als Dekorationsmotiv verwendet ist oder als unmittelbare Gewölbestütze. Nach diesen Erläuterungen folgen nunmehr auf Taf. 18—34 die Darstellungen der hauptsächlichsten Architektursysteme der verschiedenen Zeitepochen und Stilarten.

Es sei gleich hier darauf hingewiesen, daß nicht jeder ornamentierte Bauteil eine so ausgedehnte Figuren-Darstellung erfahren konnte, um hierfür eine ganze Tafel zu geben, vielmehr mußten mehrfach nur Teile einer solchen genügen, und daß ferner die unmittelbare Zusammengehörigkeit eines Ornamentteils mit den Architektursystemen zur besseren Verdeutlichung meist im dargestellten Zusammenhang vorgeführt werden mußte. Daß dies bei der Darstellung des Bauornaments unvermeidliche Bedingung ist, wird jedem Fachmann einleuchten, trotzdem in diesem Werke nach Möglichkeit die schematische Ornamentzusammenstellung berücksichtigt wurde, in welcher gewisse Darstellungen nur zur nötigen Vervollständigung als Wiederholung erscheinen.

Da das Ornament in gewissem Sinne nur die schmückende Zutat zum betreffenden schmucklosen, nutzbringenden Gegenstande (Bauwerk) sein soll, so ist der Säulenkranz um die Cella des griechischen Tempels ein Schmuck in monumentalem Sinne. Hierbei ist nicht zu vergessen, daß selbst die einfachste harmonische Linienform des Gegenstandes selbst, z. B. einer Vase, einen Schmuck bilden kann. Material und Zweck bedingen zwar die Formgebung und Stilisierung des Ornaments hauptsächlich, doch sind es die engeren Gesetze, welche im Kontrast, der Proportion, des Rhythmus, der Farbe und Plastik und im angewendeten Maßstab (für Raum und Zweck) die Grundlagen bilden für die ornamentale Ausgestaltung. (Komposition und Harmonie.) Hierin haben die historischen Stilarten, besonders die Antike, Mustergültiges geleistet; die späteren Stilarten, schon die byzantinische, mehr noch die mittelalterlichen der romanischen Zeitepoche zeigen in harmonischer Anpassung der strengeren, ersten Architektur eine Ornamentierung der Einzelform auf mehr geometrischer Grundlage, oder sehr breiter, streifenförmiger Ranken- und Blattform, auch in Verbindung beider.

Dagegen wendet sich die leichtere, gefälligere Architektur der Renaissance mehr dem leichten Pflanzen und freien Rankenornament zu, die im Barock und Rokoko sogar in feingliedriger Spielart gipfelt.

Bauformen, Systeme und Einzelheiten.

A. Äußere Architekturen.

a) Architektursysteme (Taf. 18—34).

Tafel 18. Fig. 1—4 stellen die sogenannten antiken Säulenordnungen von Tempeln der dorischen, ionischen, korinthischen und römischen Compositaordnung dar (nach Laurey), mit je einem Stück „Deckengebälk", bestehend je aus Kranz- oder Hauptgesims *a*, Fries *b* und Architrav *c* (die abschließenden oder bekrönenden Architekturstücke), nebst dazu gehöriger Säule (Stütze), bestehend aus Kapitäl *d* (Kopf), Schaft *e* und Fuß (Basis) *f*, mit oberen Postamentstück *g*; dieses letztere als oberster Teil eines Postaments oder Untersatzes für die Säule ist nur angewendet beim römischen Baustil und der Renaissance. Die in Fig. 1—4 beigegebenen Zahlen sind Größenverhältniszahlen, bezogen auf 1000 Teile einer ganzen Gebälkhöhe.

Fig. 5. Dorisches Gebälkstück nach Vignola, mit ornamentierten Gliederungen des Hauptgesimses, der Sima *a*, des Untergliedes *c* und der Hängeplatte *b*, mit Konsol- oder Tragsteinen und des tragenden Unterglied-Wulstes *d*, mit sogenanntem Eierstab.

Jedes Hauptgesims (eines Gebälkes) besteht im allgemeinen aus dem obersten bekrönenden architektonischen Profilgliede *a*, der sogenannten Sima (Fig. 13 und 14, Taf. 8), und kann diese Profile des „Glockenleistens" zeigen oder auch der „Hohlkehle" (Fig. 10 und 11, Taf. 8), meist mit unterem kleinem trennenden Untergliede von verschiedenem Profil, ferner der meist glatten „Hängeplatte" *b*, als geradem Glied, und dem oder den Untergliedern *d*, mit dazwischengestellten Konsol- oder Kragsteinband *c*. Dieses letztere Zwischenglied (Band mit ausladenden Tragstücken für die Hängeplatte) ist nicht immer vorhanden.

Der Fries *e* ist geschmückt mit sogenannten Triglyphen *f*. Diese Triglyphen sind speziell dem dorischen Stil eigen und ein besonderes Erkennungszeichen desselben; sie bestehen aus schwach vortretenden Platten, in welche in bestimmter Weite senkrechte Streifenaushöhlungen eingeschnitten sind. Zwischen diesen sind Quadratflächen oder „Metopen" *g* freigelassen, welche mit figürlichen Reliefdarstellungen ausgefüllt sind.

Der Architrav (Tragebalken) endlich, beim dorischen Gebälk meist ein glatter Streif, zeigt zu oberst ein glattes vortretendes Band, unter welchem sich in senkrechter Richtung und gleicher Längenausdehnung der Triglyphon; unter diesem aber noch ein schmales Bändchen mit sogenannten „Tropfen", kleinen trapezförmigen viereckigen Zähnen befindet, als ebenfalls für diesen Stil charakteristisches Schmuckmerkmal.

Die Fig. 6 und 7 geben Darstellungen eines Vertikalschnittes der Hängeplatte *b*, mit Untergliedern und der Untersicht oder Soffite der Hängeplatte mit deren Konsoleinteilung und Felderverzierung.

Fig. 8 ist eine reichere Wulstverzierung an Stelle von *d*. Diese Ornamentierung des Gebälkes von Fig. 1 durch Darstellungen der Fig. 6—8 ist zum Verständnis der folgenden Tafeln mit Einzelornamenten gleich hier gebracht, um den Zusammenhang einer solchen vorzuführen und zu erläutern, was als hierher gehörig und notwendig zu betrachten ist. Aus demselben Grunde ist Fig. 9 hier eingefügt (allg.).

Fig. 9 ist ein Stück Türumrahmung mit Verdachung und Konsole vom Erechtheion in Athen. Als Beispiel derartiger Wandöffnungen wie bei Fig. 10.

Fig. 10. Die Gesamtansicht der Giebelseite eines etruskischen Tempels nach Semper.

Fig. 11. Hallen-Architekturstück mit ionischer Ordnung über dorischer aus Pergamon. Nach Restauration (K. B.). Als Beispiel der Untereinanderstellung von Säulenordnungen verschiedener Stilart auch an einem und demselben Bauwerk.

Tafel 19. Fig. 1—5. Mustergültige antike Architektursysteme der griechischen Baukunst.

Fig. 1. Nordostecke des Parthenon (dorisch). Vorgestellte doppelte Säulenreihe (Halle) vor der Cellawand mit Eingangstür. (Niemann, Wiener Vorlagen.)

Fig. 2. Teil des Tempels der Fortuna virilis in Rom (griechischen Ursprungs) ionisch. (Kunsthistorische Bilderbogen.)

Fig. 3 und 3a. Grundriß und Ansichtsteil vom Rundtempel zu Tivoli, römisch-korinthisch (nach Spamer, Buch der Erfindungen).

Fig. 4. Arsinocion auf Samothrake (nach Niemann). Dorische Pilasterordnung auf Quaderunterbau.

Fig. 5. Skala (Treppenaufgang) zum großen Altar zu Pergamon (nach R. Bohn).

Fig. 6. Säulenkapitäl und Basis zu Fig. 3.

Fig. 7. Ecksäulenkapitäl zu Fig. 2.

Tafel 20. Fig. 1. Die griechische Architektur wendete als höchste Vollendung die weibliche menschliche Figur als tragende Stütze an;

Tafel 19. Bauformen. Antike Architektur und Systeme.

als schönstes Beispiel gilt die Vorhalle des Erechtheion in Athen mit Stützen als weiblichen Figuren, sogenannten Karyatiden (allg.).

Fig. 2. Fassadensystem römischer Baukunst: das Theater des Marcellus in Rom mit doppelter Säulenordnung übereinander, ionisch über dorisch. Römische Tür- und Fenstergewölbeöffnung zwischen Säulen. Typisch gewordenes Architekturmotiv bei Monumentbauten (nach Glazier).

Fig. 3. Teil der äußeren Ansicht des Kolosseum zu Rom. Viermalige Säulenstellung übereinander (K. B.).

Fig. 4. Restauriertes Inneres vom Pantheon zu Rom (nach Adler, Lübke). Untere Säulenordnung mit darüber gestellter Bogenöffnung (Halbgeschoß) durch Karyatiden geteilt. Ebenfalls typisch gewordenes Architekturmotiv.

Fig. 5. Inneres der Thermen des Caracalla zu Rom (Lübke). Römisches kassettiertes Kreuzgewölbe.

Fig. 6. Triumphbogen des Konstantin zu Rom (komponiert). Beim Theaterbau von Semper und anderen namhaften Baumeistern angewendetes Motiv.

Tafel 21. Als nächste Folge der antiken Bauweise kommt die byzantinische, maurisch-spanische und orientalische des Islam mit ihrer Ornamentierung in Betracht, und im Anschluß hieran diejenige der Bauten des Mittelalters des romanischen und gotischen Stils, vom Anfang des 10. bis Ende des 13. Jahrhunderts.

Fig. 1. Fenstersystem, romanisch, eines Hauses in Amiens (allg.).

Fig. 2. Hufeisenbogen, maurisch, von einer Krypte (allg.).

Fig. 3. Gotisches Bogen- und Strebesystem nach Viollet-le-Duc (nach Joseph, Gesch. d. Bauk.).

Fig. 4a—d. Romanische Profile: Paulinzelle (allg.).

Fig. 5 und 6. Mittelalterliche Drei- und Kleeblattbogen (allg.).

Fig. 7. Byzantinisches Friesornament aus Ravenna (nach Gl.).

Fig. 8. Byzantinisch-romanisches Bogenfriesornament aus Como: St. Abundio (Ebe).

Fig. 9. Romanischer Kapitälfries; allgemein angewendet.

Fig. 10. Maurischer Hufeisenbogen; Fig. 11. Orientalischer Kielbogen.

Fig. 12 und 13. Romanische Säulenschaft- und Rundstab-Verzierungen (allg.).

Fig. 14. Maurisches Stalaktitenbogensystem aus der Alhambra (allg.).

Fig. 15. Maurisches Kapitäl von der Alhambra (allg.).

Fig. 16, 17, 19 und 20. Byzantinische Kapitäle von St. Marcus zu Venedig (Gl.).

Tafel 20. Bauformen. Antike (römische) Architektursysteme, Ordnungen.

Tafel 21. Bauformen. Mittelalterliche und orientalische Systemstücke.

Fig. 18. Bogenarkaden- und Dekorationssystem aus der Sachra-Moschee zu Jerusalem, maurisch-arabisch-byzantinisch (K. B.).

Tafel 22. Fig. 1. Schiff-Querschnitt des Domes zu Limburg, romanisch (K. B.).

Fig. 2 und 3. Systeme von Langschiffwänden englischer gotischer Kirchen (Glazier).

Fig. 4. Äußere Arkadenansicht von der Kathedrale zu Salisbury (Glazier).

Fig. 5. Romanisches Schiffs-Arkadensystem der Kathedrale zu Peterborough (K. B.).

Fig. 6. Romanischer Bogenfries (Backsteinarchitektur), typisch; auch zu Fig. 7 unter schrägem Hauptsims.

Fig. 7. Architektursystem vom Dom zu Parma (Lübke).

Fig. 8. Gotisches Arkadensystem der Kathedrale zu Noyon (Lübke).

Tafel 23. Systeme mit Einzelheiten romanisch-gotischer Profanarchitektur.

Fig. 1. Mühlentor in Pasewalk (Gottlob).

Fig. 2. Rathaus zu Königsberg i/N. (Gb.).

Fig. 3. Tangermünder Tor zu Stendal (Gb.).

Fig. 4 und 5. Zierblenden aus Stargard und Lüneburg (Gb.).

Fig. 6. Kapitäl aus Pankratii, Ballenstedt (Pannewitz).

Fig. 7. Romanisches Kapitäl nach O. Stiehl, Backsteinbau.

Fig. 8. Romanisches Friesornament.

Fig. 9. Rathaus zu Tangermünde (Gb.).

Fig. 10. Storchtum in Garz (Gb.).

Fig. 11. Katharinenkirche zu Brandenburg (Gb.).

Tafel 24. Gotische Systemstücke.

Fig. 1. Rathaus zu Braunschweig (K. B.).

Fig. 2 und 3. Systemstücke vom Hause Nassau zu Nürnberg (Gb.).

Fig. 4. Moderne Gotik eines Wohnhauses zu Paris, Sauvestre (J. Engelhorn).

Fig. 5. Spalentor in Basel (nach K. B.).

Fig. 6. Von der Marienkirche zu Privoz, C. Sitte (aus „Architekt", Wien).

Fig. 7. Modern-gotischer Entwurf zu Wohnhaus.

Tafel 25. Mittelalterliche und moderne Backsteinarchitektur.

Fig. 1. Rathaus zu Lübeck (K. B.).

Fig. 2. Alte Schule zu Wismar (Gottlob).

Fig. 3. Moderne Charakterformen in Konkurrenz für Lübeck (nach Landé).

Tafel 22. Bauformen. Mittelalterliche Architektursysteme.

Tafel 23. Bauformen. Mittelalterliche Architektursysteme.

Tafel 24. Bauformen. Gotische Systemstücke.

Tafel 25. Bauformen. Systeme mittelalterlicher und moderner Backstein-Architektur.

Fig. 4. Dasselbe für Fassadensystem vom Verfasser.

Fig. 5—14. Einzelheiten zu Fig. 4 und charakteristisch-typische Ornamenteinzelheiten für Backsteinbau des Mittelalters und zu moderner Verwendung.

Tafel 26. Bauformen der italienischen Renaissance.

Fig. 1. System des Pal. Rucellai, Florenz, v. Alberti (Lübke).

Fig. 2. Von der Basilica in Vicenza, Palladio (K. B.).

Fig. 3. System von Villa Scassi bei Genua von Alessi (nach Reinhardt).

Fig. 4 und 5. Fenster-Architekturen, Umrahmungen im Stile italienischer Renaissance-Paläste. Diese Beispiele sind, da sie für die italienische Renaissance typisch gewordene Formen, als hierher gehörig eingefügt, siehe auch Fig. 8.

Fig. 6. Italienische Arkaden-Architektur zwischen Säulenordnung; typisch.

Fig. 7. Teil der Loggia del Consiglio zu Verona (K. B.). Als Arkaden- und Architektur-Systeme bemerkenswert.

Fig. 8. Oberer Teil des Palazzo dell' Aquila in Rom (K. B.).

Die fortlaufende Bogenstellung direkt auf Säulen, wie bei Fig. 7, Taf. 26 oder zwischen Säulenstellung, Fig. 2 und 3, Taf. 20 und Fig. 6, Taf. 26 nennt man speziell „Arkaden“. Dieselben haben stets einen hallenartigen Charakter.

Die Ausschmückung (Ornamentierung und künstlerische Belebung) der Architekturteile und Gliederungen eines Bauwerks ist hierbei sowohl im ganzen, als auch in dem hierzu verwendeten Einzelornament keineswegs eine willkürliche, sondern richtet sich nach dessen Funktion und nach den Beziehungen, in welchen das Ornament zu seiner Anwendung steht.

Mit anderen Worten: für bestimmte Architekturteile oder Gegenstände richtet sich deren Ornamentation nach einem bestimmten Prinzip, es wiederholt sich dort stets dieselbe Art und Weise des Systems nach Lage, Größenverhältnis und Zweck ohne Rücksicht auf das gewählte Motiv oder die Stilform. Jedem Bau- oder Ziergliede muß also die seiner Form sich anpassende Ornament-Verzierung gegeben werden, sowie jede Fläche, ob Decke, Fußboden oder Wand, diejenige Flach-ornament-Verzierung erhalten muß, die seiner Struktur entspricht; d. h. man wird aufsteigende (sich senkrecht aufbauende) Ornamentstücke und Einzelornamente nicht bei Fußboden und Decken verwenden, ebenso, wie die Gesamt-Ornamentation einer Fußbodenfläche oder Deckenfläche nicht nach einer oder allen Seiten hin auseinandergehend erscheinen darf, vielmehr als Konzentrierung nach innen zu

Tafel 26. Bauformen. Architektursysteme der italienischen Renaissance.

bilden ist, wobei es wiederum darauf ankommt, ob der Raum abgeschlossen ist oder nach irgend einer oder mehreren Seiten hin (z. B. durch Arkaden) freiliegt.

Es sind also z. B. figürliche Darstellungen an Decken so anzuordnen, daß sie mit den Köpfen nach innen zu stehen, dem Beschauer von unten also in richtiger Stellung zugewendet erscheinen und in harmonisch gleicher Richtung mit demselben sich befinden. Andrerseits muß die Gesamt-Ornamentierung von außen nach innen zu zentral gerichtet erscheinen. Die für abgeschlossenen Fußboden immer unentbehrliche Umsäumung (entsprechender Ornamentabschluß mit Band- oder Krönungsmotiven, Fransen etc.), kann zu diesem Prinzip viel beitragen, ja sogar diese Aufgabe allein übernehmen, so daß z. B. figürliche Bilddarstellungen innerhalb dieser Umrahmungen als für sich anzusehen unberührt bleiben können. Dieses wäre das zunächst Beachtenswerte bei Anordnung (Richtung) der Gesamtdekoration von Wand, Decke und Fußboden, wobei der Wanddekoration der Charakter als stehend oder hängend zu geben ist. Auch sind besonders hier die Gesetze der Symmetrie und Proportion anzuwenden bezüglich Breite und Höhe und nach der Richtungsweise, ob oben, unten, rechts, links, indem z. B. die oberen Kantenabschlüsse einer Wanddekoration als Bekrönungs-Ornament (Zinnen) erscheinen sollen, die unteren dagegen hängend, als Fransen etc.

Da Wände, Decken und Fußboden als ebene Flächen erscheinen, nur bedingt durch das Bekleidungs-Material, sollen dieselben auch ornamental in Flachmusterung erscheinen, mit Ausnahme von gruppierten Holzdecken; in jedem Falle hat dies bei Fußboden zu geschehen, so daß sie immer als teppichbelegt gedacht werden können, und sollten besonders Relief-Darstellungen als durchaus unstilistisch vermieden werden, wie z. B. Abbildungen aus dem Tier- und Pflanzenreiche, von Bäumen etc. Jede Fußbodendekoration erscheint von oben gesehen, und wird betreten, deswegen sind auch alle Einzelornamente als Mosaiken oder gestickte Flachmustermotive in zentraler Richtung (eurhythmisch) zu wählen. In dieser Beziehung ist noch heute die orientalische Ornamentierungsweise für Decken, Wände und Fußboden in Form und Farbe als mustergültig zu betrachten. Auch bei den Griechen und Römern finden wir diese Prinzipien als allein richtig anerkannt und angewendet, und folgen in den Tafeln vor allem diese historischen Ornamentierungen und Einzelornamente.

Das hier über stilisierte Ornamentation von Raumgrößen Gesagte gilt natürlich auch von den Einzelstücken in der Baukunst wie im Kunstgewerbe. Bei ersteren müssen bestimmte Bauglieder, sowie Formteile in bestimmtem Zusammenhange, in Wechselwirkung mit dem Ganzen bleiben und sich Form, Zweck und Material am bestimmten Orte und Gegenstande anpassen. Die z. B. für eine Bekrönung bestimmte Form oder Gliederung ist nicht zugleich als Fußgestell verwendbar, ebensowenig wie die Gliederungen, Säulen, Stützen etc. von Tempeln als Gegenstände für Kleinkunst etc. Im allgemeinen können für die praktische Anwendung der Ornamentation als Schmuck-Gruppen festgehalten werden:

1. Die einfassenden, einrahmenden Formen der Bänder.

2. Die nach oben und unten abschließenden, bekrönenden oder hängenden freien Endigungen.

3. Die tragenden und stützenden Teile als Formen von Stützen, Brüstungen, Säulen, Umrahmungen und Konsolen.

4. Die flächenfüllenden Formen der Füllungen und Musterungen.

Die Anwendung dieser Ornamentgruppen auch im Einzelornament ist in schematischer Anordnung im nachfolgenden gegeben.

Nachdem in den vorhergehenden Tafeln 18—26 die Architektursysteme und Formen der sogenannten klassischen Baustile und der historisch-mittelalterlichen Bauweise (im Kirchen- und Profanbau) vorgeführt worden sind, folgen auf den Tafeln 27—34 Systemdarstellungen der neueren Zeitepochen und modernsten Richtung mit besonderer Berücksichtigung der Formen der italienischen und deutschen Renaissance und des modernen Barock, um hieraus die zu ornamentierenden Teilstücke zu entnehmen, besonders für Fenster- und Türumrahmungen, Pilaster und Säulen, Hauptgesimse, Wand- und Brüstungsfüllungen, sowie Giebelornamentierungen.

Gleichzeitig sind auf diesen Tafeln wiederum einzelne Ornamentstücke eingefügt, um den Zusammenhang zwischen Architektur-Teilstücken und deren Ornamentierung zu zeigen. Die Größenverhältnisse sind die für unsere modernen praktischen Bauten üblichen.

Tafel 27. Fig. 1. Teilstück eines villenartigen modernen Wohnhauses, bei welchem ornamentale Zwickelfüllung rechts und links des Bogenfensters, sowie Muschelfriesfüllung des Hauptgesimses und Pilasterfüllung angewendet sind in Malerei oder plastisch.

Fig. 2. Zwickelornamentfüllung als Kranz mit durchgestecktem Feston. zur Ornamentierung für Fig. 1 passend, und deswegen im Zusammenhang hier vorgeführt.

Fig. 3. Wandstück zwischen einrahmenden Pilasterfüllungen von einer modernen Villa. Die Ornamentierung dieses Wandstückes, dessen Skizzierung hier genügt, kann in Malerei, besser in Sgraffito herge-

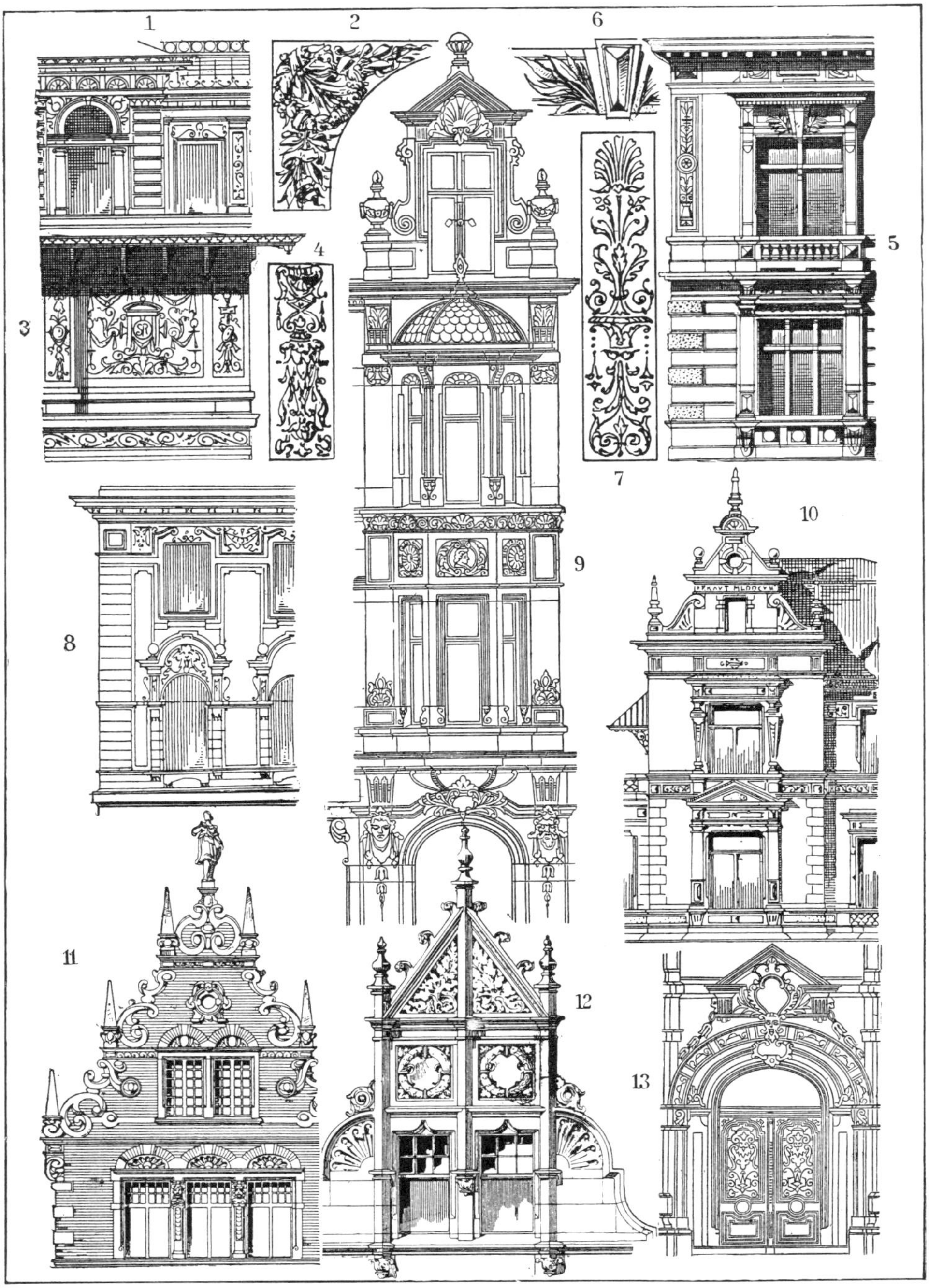

Tafel 27. Bauformen. Architektursysteme, italienische und deutsche Renaissance, modern.

stellt sein, jedoch nicht plastisch, weil dies für größere Wandflächen weder üblich ist, noch schön, bezw. praktisch erscheint.

Fig. 4. Pilasterfüllung in Form von hängendem Feston zu Fig. 3 passend.

Fig. 5. Fensterarchitektur und Wand-Ecke von einem palaisartigen modernen Wohnhause, welche letztere im Obergeschoß mit ornamentiertem Pilaster eingerahmt ist. Das Ornament ist am besten hier plastisch in Stein auszuführen.

Fig. 6 zeigt die plastische Schlußstein-Dekoration des oberen Fensters von Fig. 5 als Beispiel in der Anwendung und für den Zusammenhang.

Fig. 7. Pilasterfüllung ebenfalls als Beispiel zu Fig. 5.

Fig. 8. Architektursystem eines Palais im modernen Barockstil.

Fig. 9. Architekturstück mit Erkervorbau und Dachfensterumrahmung eines modernen Berliner Wohn- und Geschäftshauses in Renaissanceform, dem italienischen Stile sich nähernd.

Fig. 10. Architekturstück im Stile deutscher Renaissance von einer Villa, erbaut vom Verfasser.

Fig. 11. Giebelarchitekturstück im Sinne altdeutscher Renaissance vom 15.—17. Jahrhundert.

Fig. 12. Modern-gotisierendes Giebelstück einer Wohnhausfassade zu Berlin.

Fig. 13. Portal zum Architektursystem Fig. 9, als Ergänzung hierzu.

Tafel 28. Fig. 1. Erkerbau in modernstem Sinne mit plastischen und aufgemalten Ornamentstücken, naturalistisch behandelt.

Fig. 2. Pfeilerkopf oder Lisenenornament, modern Barock, vom Verfasser. Dieser Pfeilerkopf könnte auch z. B. bei Fig. 4 Anwendung finden.

Fig. 3. Erker und Architekturstück in moderndeutscher Renaissance, nach den Mustern der alten rheinhessischen Bauten.

Fig. 4. Giebel- und Fensterarchitektur-System in modernem Barock.

Fig. 5. Giebel, modern, gotisch.

Fig. 6. Architektursystem, modern Barock.

Fig. 7. Dasselbe.

Fig. 8. Dachgiebelfenster, modern Barock.

Fig. 9. Fenstersystem, modern Barock.

Fig. 10. Fensterarchitektur, modern Renaissance (Leipziger Kaufhaus).

Fig. 11. Fenster-Mittelpartie, altes deutsches Barock (18. Jahr-

Tafel 28. Bauformen. Fassadensysteme, modern, Renaissance, Barock (Einzelteile).

hundert), Leipzig, Katharinenstraße. Diese Fensterfüllungs- oder Brüstungsstücke würden auch für Fig. 4 passen und sind deswegen hier mitgeteilt, weil das neue moderne Barock sich diesen Formen wieder anschließt.

Tafel 29. Systeme und Einzelheiten des deutschen Barock.

Fig. 1. Konsole des Schlosses zu Gottorp.

Fig. 2. Von der Marienkirche zu Wolfenbüttel (nach „Blätt. f. Arch.").

Fig. 3. Pavillon des Schlosses zu Würzburg, 1720—1744. Von Bath. Naumann (K. B.).

Fig. 4. Systemstück, deutsches Barock.

Fig. 5. Pavillon der Karlskirche zu Wien (allg.).

Fig. 6. Risalit des Städtischen Kaufhauses zu Leipzig (nach Licht).

Fig. 7, 8 und 10 vom Kaufmännischen Vereinshaus Wien, von R. Dick (Architekton. Rundschau).

Fig. 9. Mittelbau vom Kurhaus Reichenhall (Arch.: Heilmann A. Littmann, „Ill. Ztg.").

Fig. 11. Fensterdetails vom Militärkurhaus in Marienbad, A. Wurm (Architekton. Rundschau).

Tafel 30. Fig. 1. Von der Gartenfassade der Tuilerien, Paris. Phil. d. Lorme (L.).

Fig. 2. Vom Berliner Zeughaus (Architekton. Rundschau).

Fig. 3. Giebel vom Rathaus zu Leyden, Renaissance-Barock (allg.).

Fig. 4. Modernes Barockdetail einer Fensterverdrehung.

Fig. 5 wie Fig. 4 als Schlußstein.

Fig. 6. Dachgiebelfenster, modern Barock.

Fig. 7. Säulendetail zu Fig. 1.

Fig. 8. Vom Eckpavillon des Belvedere, Wien (Architekton. Rundschau).

Fig. 9. Vom Hof des Königlichen Schlosses in Berlin, Schlüter (K. B.).

Fig. 10. Westlicher Zwingerpavillon, von Pöppelmann (K. B.).

Tafel 31. Systeme in modernem Charakter.

Fig. 1. Moderner Wohnhausteil mit Erker und

Fig. 2. Moderner Geschäftshausteil, beide vom Verfasser.

Fig. 3—12. Einzelheiten zu Fig. 1 und 2.

Tafel 32. Systeme moderndeutscher Richtung.

Fig. 1. Moderne Landvilla, von Architekt Alb. Schutte, Barmen (Deutscher Architekturverlag).

Tafel 29. Bauformen. Systeme und Einzelheiten, deutscher Barock.

Tafel 30. Bauformen. Systeme und Einzelheiten, Barock und Rokoko.

Tafel 31. Bauformen. Systeme und Einzelheiten, modern.

1

2

3

4

Tafel 32. Bauformen. Systeme moderner deutscher Richtung.

Fig. 2 und 4. Moderne Wohnhäuser, Architekt K. Müller, Hannover (Deutscher Architekturverlag).

Fig. 3. Modern deutsches Wohnhausstück.

Tafel 33. Fig. 1. Modernes Barock-Geschäftshaus, von Architekt O. Rieth, Berlin, Mohrenstraße 36.

Fig. 2. Landgerichts-Palast zu Berlin, von Schmalz und Mönnich.

Fig. 3 und 4. Wohnhäuser von Architekt J. Hofman in Antwerpen. Nach Rehme „Arch. d. neuen freien Schule".

Tafel 34. Fig. 1. Villa Lange, Tübingen, von A. Pankok.

Fig. 2. Villa bei Lüttich, von Ch. Castermans.

Fig. 3. Hotel Guilbert, Paris, von X. Schöllkopf.

Fig. 4. Wohn- und Geschäftshaus von R. Wolle, Leipzig, Arch. Franke und Händel.

Die Taf. 18—34 weisen nun reichlich Beispiele auf zur Ornamentierung mit den gedachten vier Gruppen von Ornamenten. In Betracht kommt zunächst also die Gruppe der Bänder. Zweck und Funktion der Bänder sind das Einfassen, Umrahmen, Binden und findet das ornamentale Band auf glatter wie krummer Fläche gleiche Anwendung an den verschiedensten Bauteilen und Gliederungen, am Hauptgesims, am Fries, wie bei Säulenbasen, Gurtungen und sonstigen Gesimsen. Ferner als Trennungsglied wie als Umrahmungsglied von Decken, Wand- und Fußbodenteilungen.

Hierzu sei folgendes bemerkt:

Der Name eines Bauteiles oder Architekturteiles ist keineswegs gleichbedeutend mit dessen Ornament, vielmehr ist die Namenstrennung durchaus festzuhalten, indem z. B. ein mit einem Flechtband oder Mäanderband geschmückter Fries trotzdem immer „Fries" bleibt, und umgekehrt ein an irgend einem Fries dargestelltes Flecht- oder Mäanderband nicht „Fries" heißt, sondern „Bandornament", „Mäander" oder „Flechtband".

Um jedoch keinerlei Zweifel aufkommen zu lassen, sei nochmals auf die Darstellungen der Taf. 18—34 verwiesen als Grundlage für die meisten, überall vorkommenden Bauteile.

Fig. 2 und 3, Taf. 20, zeigen ein vollständiges Bild zweier und mehr Säulenordnungen (des römischen Baustiles) übereinander, bei denen z. B. die obere ionische Ordnung, Fig. 2, sich zusammensetzt aus a) dem Gebälk, b) der Säule mit ihren Bestandteilen, c) dem Säulenpostament, d) der Fensterbrüstung; dasselbe gilt von Fig. 3. Die

1

3

2

4

Tafel 33. Bauformen. Architektursysteme, modern.

1

2

3

4

Tafel 34. Bauformen. Systeme, Neubarock und modern.

einzelnen Bestandteile dieser Stücke sind schon Fig. 1—4 und 5—8, Taf. 18, dargestellt und beschrieben, und ergeben sich demnach:

Gebälke:

Hauptgesimse mit

Sima,

Hängeplatte,

Zahnschnittbänder, Fig. 1 und 2, Taf. 18, oder

Konsolbänder mit Konsolen oder Tragsteinen mit Deckglied, oder

Zahnschnitt- und Konsolbänder übereinander, Fig. 3, Taf. 16.

Unterglieder von allerhand Profilformen, wie auf Taf. 8 dargestellt, z. B. Fig. 1—3 Wulste, Fig. 7—8 Karniese, Fig. 10 und 11 Hohlkehlen, unterhalb mit und ohne sogenannte kleine Rundstäbe (Fig. 10), auch Astragal genannt.

Friese, glatt oder auf die verschiedenste Weise ornamentiert.

Architrave (gerade Tragebalken), ganz glatt oder wie bei Fig. 5h, Taf. 18, oder endlich in zwei und drei glatten Streifen übereinander Fig. 2, 3, Taf. 18, welche oberhalb gekrönt sind, meist mit einem Gliede des Wulstes, Fig. 1—3, oder der Hohlkehle Fig. 10 und 11, oder dem Karnies Fig. 7, alles dargestellt auf Taf. 8. Dabei können die Streifen unterhalb nochmals getrennt sein durch kleinere Glieder des Astragals oder des Karnieses, wie Fig. 2—4 auf Taf. 18 zeigt.

Die Unteransichten der Architrave heißen ebenfalls Soffiten, wie die der Hängeplatten, Fig. 6 und 7, Taf. 18, und können ungefähr dieselbe Ornamentierung zeigen oder besser glatt bleiben.

Archivolten (gebogene Tragebalken) sind die bogenförmigen Umrahmungen von Öffnungen und zeigen genau dieselbe Behandlung, Ausbildung und Ornamentierung wie die Architrave, Fig. 3 und 6, Taf. 20 und Fig. 6 und 7, Taf. 26; die bei den Architraven die Soffite genannte Unter- oder Innenansicht heißt hier Laibung und kann glatt bleiben oder ähnlich den Soffiten ornamentiert werden.

Die Trennungslinie zwischen einer Bogenöffnung und der unteren geraden Umrahmungs-Fortsetzung nennt man

Kämpfer oder Kämpfergesimse, je nach deren Ausbildung, Fig. 2 und 6, Taf. 20 und Fig. 6, Taf. 26.

Die Stützen der Gebälke sind entweder:

Säulen, freistehend mit kreisrundem Querschnitt, Fig. 1, *m*, Taf. 18, oder Halb- und Dreiviertelsäulen mit halbem Querschnitt (*i*—*e*) oder mit Dreiviertelquerschnitt der tragenden Wand vorgestellt. Fig. 2, *n*, Taf. 20.

Pilaster in derselben Weise, aber mit viereckigem statt rundem

Querschnitt, Fig. 7, *a*, Taf. 26. Säule wie Pilaster bestehen aus den Bestandteilen: Kopf oder Kapitäl, Schaft und Fuß oder Basis, siehe Fig. 1—4, Taf. 18, *d*, *e* und *f*. Alle diese Teile können mehr oder weniger reich ornamentiert sein.

Postamente sind Untersätze von viereckigem Querschnitt unter Säulen und Pilastern, und werden in dieser Eigenschaft auch „Stühle" genannt, z. B. Fig. 2 und 3, *c*, Taf. 20 oder Fig. 5—8, Taf. 26. Die Postamente bestehen wiederum aus drei Teilen, dem Deckgesims *o*, dem Kern *p* und dem Fuß *s*, Fig. 5, Taf. 26, d. h. der Kern *p* wird mit Deckel, Fig. 1—4, Taf. 18, und Fuß von der Profilgestaltung der Säulen und Pilaster versehen, wie Fig. *f*, Taf. 18, 1—4. Auch diese Teile, sowie der Kern können ornamentiert werden, siehe Fig. 6, Taf. 20. Die Zwischenteile zwischen Postamenten oder direkt zwischen Stützen heißen:

Brüstungen, z. B. Fig. 11, Taf. 18, Fig. 2 und 3, *c*, Taf. 20 und Fig. 7. Taf. 26. Dieselben, also zur Schmuckgruppe der „Stützen" gehörig, werden ebenfalls nach Belieben ornamentiert. Geschieht dies durch säulchenartige Einzelstücke, so heißen letztere:

Baluster oder Docken, wie Fig. 5, 6 und 7, Taf. 26 sie zeigen. Wenn eine Brüstung den unteren Abschluß einer Fensteröffnung bildet, so heißt diese speziell: Fensterbrüstung, Fig. 4, 5 und 7, Taf. 26. Als freistehender Hallenabschluß, wie bei Fig. 7, heißt die Brüstung: Galeriebrüstung (Galerie), bei Hauptgesimsen: Attika, Fig. 8, Taf. 26.

Fenster- und Tür- auch Portalumrahmungen. Dieselben sind in ihren Formen durch alle Stilepochen bis auf geringe Abweichungen gleich, insofern als eine Türumrahmung dasselbe ornamentale Formenbild gibt wie die Fensteröffnung, nur daß der Ort der Öffnung in der Wand und das Größenverhältnis verschieden sind. Die Ornamentation und Formenbildung richten sich dabei natürlich nach der gegebenen Stilart. Bei den antiken Stilrichtungen und bei der Renaissance ist besonders das Bild der Tür- und Fensteröffnung nur durch den Ort erkennbar; hiermit hängt auch gleichzeitig der einzige merkbare Unterschied zwischen Tür- und Fensterbild zusammen, welcher im unteren Abschluß beider besteht. Während die Tür nur durch die Schwelle des Fußbodens glatt abschließt, zeigt jedes Fenster mehr oder weniger ausgebildeten Gesimsabschluß durch Brüstung und Brüstungsgesims, Fig. 2 und 3, *d*, Taf. 20, und Fig. 4, 5, 7 und 8 auf Taf. 26, oder gesonderte Simsbandabschlüsse, sogenannte Sohlbänke, Fig. 9, *c* und 11, Taf. 52.

Die seitlichen Abschlüsse und Umrahmungen der Türen und Fenster nennt man Gewände, Fig. 9, *b*, Taf. 52 und den oberen Abschluß, wenn er gerade Linien zeigt, Sturz, Fig. 9, *a*, Taf. 52 oder scheitrechten Bogen mit und ohne Schlußsteine oder Konsole. Den rundbogigen Abschluß nennt man Fenster- oder Türbogen, ebenfalls mit und ohne Schlußsteine (Archivolte). Fig. 13, Taf. 52. Zur Form der Fenster- und Türumrahmungen gehören endlich auch die Wandnischen.

Die Fenster- und Türumrahmung kann nun eine einfache, architravierte sein, d. h. dieselbe kann aus profiliertem und ornamentiertem Streifenbande bestehen oder darüber noch mit bekrönendem Abschluß versehen sein, der sogenannten Verdachung, Fig. 1, *c*, Taf. 52. Unter derselben aber können rechts- und linksseitig stützende Trägerteile angebracht sein, sogenannte Fenster- und Türkonsolen, Fig. 9, Taf. 18 oder Fig. 2, Taf. 52, zum Unterschiede von den bereits erwähnten und dargestellten Hauptgesims-Konsolen, Fig. 3, 4 und 5, Taf. 18.

Endlich kann die ganze Fenster- und Türumrahmung mit und ohne vorherige architravierte Gewändung als ganze architektonische Säulenordnung ausgebildet sein, mit giebelartiger Verdachung des Hauptgesimses Fig. 5, 7 und 8 auf Taf. 26. Eine besondere Behandlung und Darstellung der Tür- und Fensterumrahmungen folgt weiter unten.

Die Attika, wie schon bei Fig. 8, Taf. 26 erwähnt, ist besonders bei allerhand Bauten des römischen und Renaissance-Baustils angewendet, und kann glatt oder mit Docken versehen als Galeriebrüstung dienen, oder verschiedentlich ornamentiert werden und besonders auch als Inschrifttafel vorkommen, wie bei den römischen Bauwerken der Triumphbogen, siehe Fig. 6, Taf. 20. Im allgemeinen ist also die Attika als Ornamentbauteil zu finden, gleichbedeutend mit der Brüstung.

Wandflächenmuster, Felderumrahmungen und Musterungen bestehen in begrenzten oder unbegrenzten Flachornamenten mit Umrahmungen von glatten oder ornamentierten Profilgliederungen. Den inneren, eingerahmten Teil der Wandfläche, das sogenannte Feld, bezeichnet man, auch plastisch ornamentiert, als:

Füllung. Dieselbe figuriert bei Bauwerken als: Friesfüllung von Hauptgesimsen und sonstigen Flächenteilen, stehend und liegend horizontal, wie Brüstungsfüllungen aller Art, Attikafüllung, als polygone Flächenmuster (als Flachmusterungen besonders die Mosaiken der Fußboden und Wände) und in runder Gestalt als Medaillon, siehe Fig. 6, Taf. 20. Eine besondere Form der Dreiecksfüllung ist die sogenannte Zwickelfüllung rechts und links von bogenförmigen Öffnungen (ebendaselbst). Die Ornamentierung der Füllungen kann natürlich, je nach Größe, Art, Zweck und Gestaltung verschieden und durch alle vier verschiedenen Hauptgattungen von Ornamenten bewerkstelligt sein. Hierbei sind als besondere Gattung noch die Verzierung der Glasfenster (Glasmosaiken) zu nennen. Eine ebenfalls eigene Art der Füllungsornamentation bilden die Gehänge und Blumen-Girlanden und Festons mit Bänderschmuck. Fig. 6, Taf. 26, Hauptgesimsfries.

Decken. Den inneren oberen Abschluß von Innenräumen nennt man Decken, insbesondere bei geradliniger Flächenform, während man die bogenförmig gewölbten Deckenabschlüsse Gewölbe nennt. Die Einteilung und Ausbildung, sowie Ornamentierung der Einzelteile von Decken geschieht ebenfalls auf die mannigfachste Weise, je nach der Gesamtgestaltung (Umrißlinie) derselben, und wurden bereits in den Figuren 1—18 auf Taf. 5 Beispiele für Deckenteilungen von geraden und flachbogigen Decken gegeben. Die Gewölbedecke wird vielfach kassettiert, d. h. mit aneinander gereihter quadratischer oder polygonförmiger Netzteilung versehen. Fig. 5, Taf. 20.

Giebel. Die Ausschmückung von Giebeln (Tympanon), d. h. der dreiecksförmigen Dachfigur und Fläche, geschah bei den großen Abmessungen der Tempel der Alten in figürlicher Weise, Fig. 10, Taf. 18, im kleineren Maßstab, jedoch mit den mannigfaltigsten Ornamenten, Taf. 53—62, bei Fenster- und Türumrahmungen besonders der Renaissancezeit. Runde Giebelverdachungen werden Frontons genannt, Fig. 7, Taf. 26. Die Giebelausschmückung und Umrahmung in deutscher Renaissance, besonders bei der großen Form der Häusergiebel mit Voluten (spiralförmigen Schnörkeln), Obelisken, Kugeln, Vasen, Taf. 27, Fig. 11, beruht auf derjenigen der mittelalterlichen gotischen. Taf. 23, Fig. 9 und 11 und Fig. 1, Taf. 24. Hier sind die schrägen Giebellinien, wie sie, Fig. 4, Taf. 22, als Bekrönung der Arkaden-Nischen sich zeigen, mit Blumen (Krabben) und an der Spitze mit Bekrönungsblumen (Kreuzblumen) geschmückt, seitlich aber mit obeliskförmigen Spitzen versehen; auch sonst ist der ganze Giebel mit senkrechten Teilungen durchsetzt.

Erker sind Ausbauten an Häuserfronten, welche alle 1—13 aufgeführten Bauteile in sich einschließen können und erst von der mittelalterlichen Zeit ab in Aufnahme kamen. Ihr unterer Abschluß kann konsolenartig und mit der dieser Gattung angehörenden Verschiedenartigkeit ausgebildet sein, je nach der Stilart. Dasselbe gilt von der Form der

Balkone, mit dem Unterschiede, daß diese nur eine aus dem Bauwerk vortretende Plattform darstellen ohne Überdachungen mit seitlichen Brüstungen aller Art, Taf. 50, Fig. 2. Dies wären die hauptsächlichsten, für die Ornamentierung zu verwendenden Bauteile.

b) Die Einzelornamente (Taf. 35—79).

Bandornamente.

Die Bänder treten als Flachornament und plastisch hauptsächlich auf als Mäander, Ketten- und Flechtbänder (in geometrischer Form), ferner pflanzlich als stilistische Ranken und Blattbildungen, im Rosetten- und Palmettenband, Wasserwogenband, und als Perlschnüre (Reihungen), Eierstäbe, Herzblätter, Agavenblätter etc. an den (tragenden und trennenden) architektonischen Gliederungen, gemalt und plastisch.

Tafel 35 und 36. Bandornamente, für Friese und Friesfüllungen zu oberen Wand- und Felderbegrenzungen und Deckenteilungen (wie vorbeschrieben), sowie für Begrenzungen von Fußbodenteilungen von Innenräumen in den hauptsächlichsten historischen Stilformen vom Altertum bis zur modernen Renaissancezeit.

Tafel 35. Bandornamente als geradlinige Mäandergeflechte, geradlinige Flechtbänder und Sternbänder, orientalisch-maurischer Form, Kettenbänder, runder und gerader Form, Zopfbänder bogenförmig und gemischtlinig, Wasserwogenbänder.

Mäander. Derselbe ist ein speziell griechisches, geradlinig geometrisch, viereckig ineinander verschlungenes Band (Flechtband), auch „à la greque“ genannt, als Friesmotiv im Innern der Tempel und bei Vasenbemalungen angewendet. Die Römer benutzten den Mäander als Friesumrahmungen ihrer Mosaik-Fußböden. Die Zeichnung des Mäander im Quadratnetz zeigt Fig. 1, 6, 18, 25 und 27, Tafel 2.

Kettenbänder. Diese sind Nachahmungen der wirklichen Kettenverbindungen mittels der Kettenglieder. Fig. 11, Taf. 35.

Flechtbänder. Dieselben sind Bandformen, aus einzelnen Streifen hergestellt, welche sich in mehr oder weniger regelmäßiger Wiederholung gegenseitig durchschlingen und durchflechten. Sie sind meist längsachsig symmetrisch, d. h. die gleichförmigen Oberteile und Unterteile ergänzen sich zu einer Figur, die stetig in horizontaler Richtung fortgesetzt werden kann. Die hauptsächlichste Anwendung der Flechtbänder geschieht in der Ornament-Malerei, aber auch als Mosaiken (Intarsien) bei den Wandumrahmungen, Deckenteilungen, Fußbodeneinrahmungen und dergleichen Friesfüllungen mehr. Die Flechtbänder sind fast durchweg geometrischer Natur, gleichviel ob sie geradlinig als Mäander- und Bandgeflechte gestaltet sind, oder bogenförmig um eine Mittelachse und Kerne (Knöpfe) zopfartig gewunden. Der Kontrast zwischen dem Bandgeflecht selbst und dem Untergrund ist in der Malerei und beim Mosaik am besten durch Farbenunterschiede hervorgehoben, bei plastischem, farblosem Bändergeflecht durch Vertiefung.

Die antiken Flechtbänder beschränken sich auf den Mäander und das Zopfband, während besonders das maurisch-arabische Flechtband die vielfältigsten Formen zeigt und besonders die Sternfigur dabei berücksichtigt. Fig. 13, Taf. 35.

Zopfbänder. Dieses sind Flechtbänder, welche, wie schon der Name besagt, zopfartig um eine Mittelachse gewunden sind. Fig. 21, Taf. 35.

Sternbänder sind Flechtbänder in Form sternförmiger Bandgeflechte, wobei die Sternfigur zwischen dem fortlaufenden Bandgeflecht eine jeweilige Wiederholung bezeichnet. Fig. 17—20, Taf. 35.

Das Wasserwogenband. Dasselbe ist in Form spiralförmiger Aneinanderreihung dem Motive der laufenden Wasserwoge oder Welle nachgebildet und ist streng genommen nichts weiter, als ein rundes Mäanderband, dessen Heraushebung der Figur aus dem Grunde (eines unteren Teiles vom oberen) durch Fortbewegung in der Malerei zu geschehen hat, in der Plastik dagegen durch vertieften Grund. In der Anwendung ist das Wasserwogenband überall als umfassende Einrahmung zu denken wie die Mäander- und Flechtbänder. Als stilistisches Ornament kommt dieses Band nur in der Antike und Renaissance vor und in unserer Neuzeit. Fig. 27—28, Taf. 35.

Tafel 36. Palmetten, Rosetten, Blatt- und Rankenbänder, Palmettenbänder sind griechischen Ursprungs und dem Motive der fächerförmigen Palmen entnommen. Die fiederartige symmetrische Blattform sitzt meist auf einem mittleren kleinen Kernblatt, von dem aus unterhalb rankenartige Verbindungen kelchförmige Zwischenteile vermitteln. Die Palmette ist auch das Motiv zu Bekrönungen (Akroterien), von Giebeln, Grabsteinen, aller Arten von Verdachungen und oberen Abschließungen. Fig. 4—5, Taf. 36.

Rosettenbänder als Spezialität sind eine Aneinanderreihung von Rosetten mit blatt- oder rankenartiger Zwischenverbindung und dienen demselben Zwecke, wie alle vorgenannten Bandarten: als trennende und umrahmende Streifen von allerhand Wand- und Deckenteilungen, als Friese u. s. f. Sie sind fast in allen Stilarten vertreten und gemalt, sowie plastisch verwendet. Fig. 10, 11, Tafel 36.

h) Blatt- und Rankenbänder. Diese sind die Verbindung von Blatt oder Blume und Ranke, wie schon der Name sagt, und durch alle Stilepochen bis heute in der reichsten und mannigfaltigsten Weise, sowie in einfachster Gestaltung vertreten. Der natürliche gekrümmte Pflanzenstengel mit Blatt oder Blütenansatz ist das Motiv hierfür, und alle Arten der natürlichen Flora sind dabei angewendet, die bereits genannt wurden und auf Tafel 9—12 dargestellt sind. Vor allen Dingen spielen Akanthus, Lorbeer, Efeu, Palme, Wein dabei eine große Rolle. Die Blatt- und Rankenbildung kann bei der Ornamentierung recht verschieden sein, indem sich Blätter und Blumen rhythmisch und symmetrisch am geraden Mittelstengel anreihen oder an die gebogene wellenförmige Ranke. Ebenso kann dabei die Ranke in fortlaufenden, spiralförmigen, regelmäßigen und unregelmäßigen Bildungen angewendet sein und drückt sich dies charakteristisch durch die jeweilige Stilart aus, bei welcher die Ornamentierung vorkommt. Die Antike zeigt eine leichte dünne Rankenbildung, etwas schematisch stilisiert, während besonders die italienische Renaissance die Rankenbildung in mehr frei naturalistischer Weise zu höchster Vollendung gebracht hat. Im Gegensatz hierzu zeigt die mittelalterliche romanische und gotische Ranke eine schwere gedrungene Form, welche auf eine breite, raumfüllende Ornamentierung abzielt. Für die Ausführungsweise dieser Ornamentierung sind in den verschiedenen Stilepochen sämtliche zu Gebote stehende Techniken der Flachornamentik und Plastik und auf alle Materialien angewendet. In Holz-Intarsia hat die italienische Renaissance die schönsten mustergültigen Werke so geschaffen, ebenso in Mosaiken. Auch die mittelalterliche Glasmalerei zeichnet sich durch farbenreiche und schöne Muster in dieser Beziehung aus.

Tafel 35. Fig. 1—8. Die verschiedenen Arten griechischer Mäander als Flachbänder, fortlaufend und in geschlossenen mit Rosetten, Blättern oder Blumen geschmückten Figuren.

Fig. 9. Mit Lorbeer durchbrochener moderner Mäander.

Fig. 10. Blumenfigur zwischen griechischem Mäander.

Fig. 11. Kettenband.

Fig. 12—16. Geradlinige Flechtbänder orientalischen Stiles.

Fig. 17—20. Geradlinige sternförmige Flechtbänder (maurisch).

Fig. 21 und 22. Bogenförmige und gemischtlinige Zopf-Flechtbänder.

Fig. 23. Einfaches Zopfband.

Fig. 24 und 25. Doppeltes Zopfband; beide griechisch.

Fig. 26—28. Wellen- und Wasserwogen-Bänder, ägyptisch, griechisch und Renaissance. (Sämtl. Fig. allgem.)

Tafel 36. Fig. 1. Die vergrößerte Figur eines Teiles von nachfolgender Fig. 2.

Fig. 2 und 3. Schnitt und Unteransicht eines Teiles einer griechischen Kalymatiendecke (kassettierten Tempeldecke), zeigen die Anwendung der Mäander und Palmettenbänder (K. B.). Diese an sich sehr klaren Darstellungen der Fig. 1, 2 und 3 der griechischen kassettierten, d. h. in quadratische nach oben vertiefte Felder geteilten Decke soll als Beispiel zur Veranschaulichung der praktischen Anwendung der in

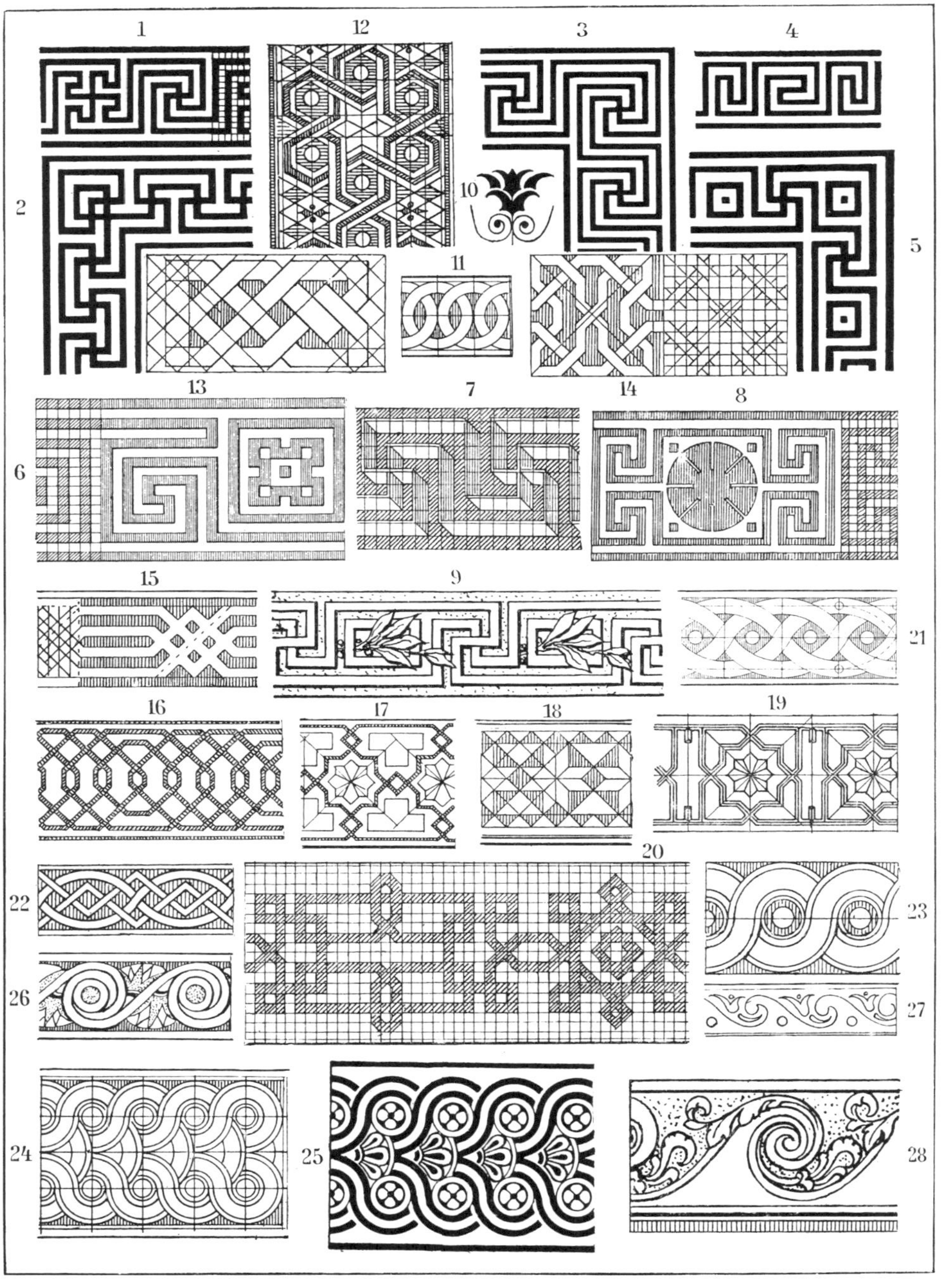

Tafel 35. Bänder. Mäander, Ketten- und Flechtbänder, Zopfbänder, Wasserwoge.

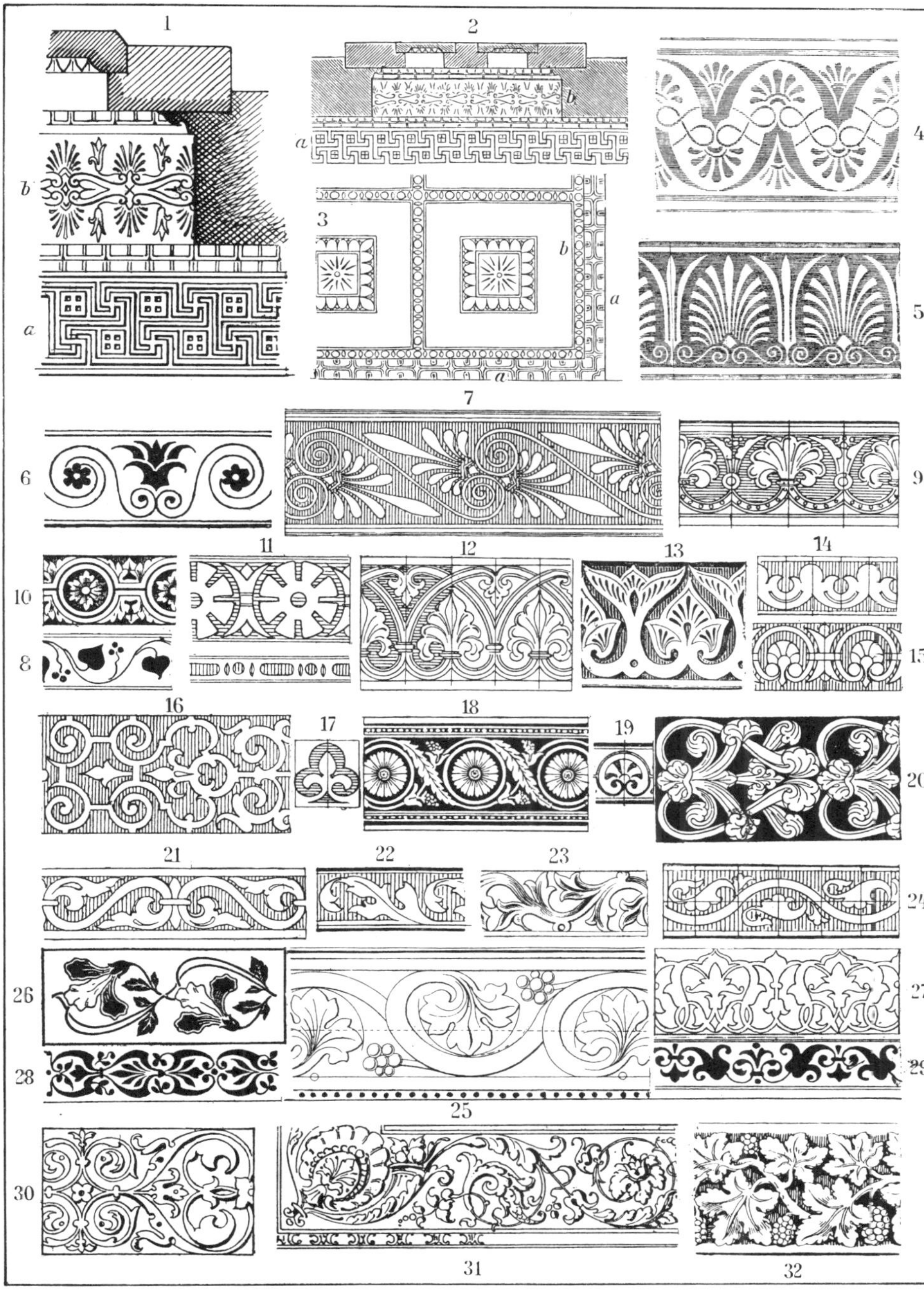

Tafel 36. Bänder. Palmetten, Rosetten, Blumen- und Rankenbänder.

Taf. 35 voraufgegangenen und in Taf. 36 noch nachfolgenden Bandornamente dienen.

Die unter der Decke befindliche Wandbegrenzung (nach oben) ist z. B. als Friesband *a* gebildet, und kann als Mäanderband wie Fig. 1 oder 3, Taf. 35 (hier doppelt übereinander) in der Anwendung gedacht sein.

Ferner würde die innere Fläche einer der größeren Deckenteilungen (Quadrat-Felder) *b* mit einer der Palmetten-Bandfiguren, wie z. B. Fig. 4, Taf. 36, geschmückt, angenommen werden, u. s. f. Vorauszusetzen ist, daß alle diese speziellen Wand- und Deckenteile durch Friese getrennt sind, welche mit Bandornamenten, wie Taf. 35 und 36 zeigt, zu ornamentieren sind.

Als weitere Anwendungen derartiger Friesornamentierungen folgen die Darstellungen Fig. 4—32 in verschiedenen Stilarten für zugehörige Innenräume betreffender Bauwerke. Fig. 4—8 zeigen Palmetten- und Rankenbänder von griechischen Vasen- und Tempelfriesbemalungen (allg.).

Fig. 10, 11 und 18 Rosettenbänder, Fig. 11 mit unterem Perlschnurband (allg.).

Fig. 9 und 12. Romanische Palmettenbänder (allg.).

Fig. 13 maurisch (allg.).

Fig. 14 und 15. Moderne Blatt- und Palmettenbänder.

Fig. 16. Rankenband in englischer (Elizabethan) Renaissance (15.—16. Jahrhundert).

Fig. 17 und 19. Einzelornamente zu Reihungen, wie bei Fig. 14 und 15.

Fig. 20. Romanisches Ornamentband als aneinandergereihte Einzelfigur (Glasfenster [Verf.]).

Fig. 21—24. Gotisierende Rankenbänder.

Fig. 25. Frühgotisches Rankenband (von der Kirche zu Sens [allg.]).

Fig. 26. Modernes naturalistisches Blumenrankenband (Wellenlinie [allg.]).

Fig. 27. Türkisch-arabisch (allg.).

Fig. 28 und 29. Stilistische Blumen- und Rankenbänder.

Fig. 30. Rankenband in deutscher Renaissance (16.—17. Jhdt.) (allg.).

Fig. 31. Rankenband im Stile italienischer Renaissance, Wand- und Felderbegrenzung (allg.).

Fig. 32. Naturalistisch gotisches Weinblattband (Glaz.).

Um nun der Reihenfolge nachzugehen mit den bereits benannten und durch Taf. 18—34 in ganzen Systemen dargestellten Bauteilen, welche für die Ornamentierung in Betracht kommen, beginnen wir möglichst schematisch mit den einzelnen Teilen der Säulenordnungen, und hier zunächst wieder mit den Oberteilen, den Gebälken, deren jeweiligen obersten Teil die Hauptgesimse bilden: Fig. 1—4, *a*, der Taf. 18. Zur besseren Anschaulichkeit des Zusammenhangs der Einzelteile sind auf Taf. 37 nochmals 4 Beispiele derselben in Fig. 1—4 dargestellt mit Anwendung der Ornamentierung der Einzelteile derselben.

Hauptgesimsornamente (Hauptgesimse).

Tafel 37. Fig. 1 (Verf.). Einfaches griechisch-dorisches Hauptgesims. (Neuzeit.) Die Sima, *a,* als obere Hohlkehle ist ornamentiert mit dem sogenannten Pfeifenband, unterbrochen durch Löwenköpfe als scheinbare Wasserspeier, an der Ecke mit Akanthusblatt geschmückt. Die Hängeplatte ist glatt und das tragende Unterglied, *c,* (Viertelstab) mit Blätterstab verziert, ähnlich Fig. 15 mit unterem Perlstab.

Fig. 2 (allg.) ist das Hauptgesims der römisch-ionischen Ordnung vom Tempel der Fortuna virilis zu Rom, und zeigt die Sima *a* (als Glockenleisten) mit Blätter-Akanthus-Band verziert, ebenfalls durchbrochen mit Löwenköpfen, die Hängeplatte *b* ist glatt und die Unterglieder *c c*, Wulst und umgekehrter Karnies mit Viertelstab- und Herzblattband ornamentiert. Beide Unterglieder sind getrennt durch ein Zahnschnittband, welches besonders der ionischen Ordnung eigen ist.

Fig. 3. Beispiel der reichsten römischen Hauptgesimsbildung von den Thermen des Diokletian, Komposita-Ordnung (Verf.), mit reicher Ornamentierung sämtlicher Einzelteile und Gliederungen. Die Sima *a* mit Akanthusblatt- und Rankenband mit trennendem kleinen Viertelstab-Blattband darunter. Die Hängeplatte *b* ist hier ebenfalls mit Muschel- und Blattband versehen, Unterglieder *c c* wie bei Fig. 2. Als besonderes Merkmal des reichen Komposita-Hauptgesimses, wie überhaupt der römischen Bauweise, ist die doppelte Anwendung des Tragstein- und Konsolbandes und Zahnschnittbandes, welche bei den übrigen Ordnungen nicht zusammen vorkommen. Da die Konsole weiter unten besonders behandelt wird, ist an betreffender Stelle die Verschiedenartigkeit der Konsole und deren Formen besprochen. Bei diesen drei Beispielen von Hauptgesimsen, Fig. 1—3, ist infolge der Größendarstellung gleichzeitig die Einzelornamentik der Glieder deutlich genug, um als Vorführung gelten zu können.

Fig. 4 zeigt die dorische Ordnung (das Gebälk derselben) im Stile der Formen französischer Renaissance vom Louvre, 16. Jahrhundert (allg.).

Tafel 37. Hauptgesimse. Simas, Viertelstäbe, Unterglieder, Kehlleisten, verzierte Perlstäbe.

Es folgen nun nach der Zugehörigkeit zu den Hauptgesimsen der antiken (klassischen) Formen, Fig. 1—3, deren ornamentierte Einzelglieder und zwar:

Fig. 5—12 (allg.) Simas (oberste bekrönende Glieder der Hauptgesimse).

Die Sima oder Rinnleiste ist vielfach als Wasser- oder Dachrinne benutzt, daher die Anbringung von Löwenköpfen als Wasserspeier bei den antiken Tempeln sich erklärt, welches dekorative Motiv auch in die Renaissance und Neuzeit übergegangen ist. Die Profilierung der Sima ist übrigens verschieden, und kann statt als Karnies auch als Hohlkehle oder Wulst (Echinus, besonders dorisch-griechische Viertelstabform, Fig. 3, Taf. 8) gebildet sein. Die Ornamentation der Simas bilden bei der Antike vornehmlich Palmettenbänder, aber auch der römische Akanthus ist verwendet, sowie die stilistischen Abarten desselben der mittelalterlichen Formen und der Renaissance.

Fig. 5. Sima mit Lotos-Blüten und Kelchband-Ornament (an ägyptischen Hohlkehlen).

Fig. 6—8 und 10—12. Sima als Hohlkehle und Karnies mit dem Palmettenband ornamentiert, griechisch und römisch.

Fig. 9. Sima mit römischem Blattband.

Ferner folgen die Darstellungen der übrigen verzierten Unterglieder der Hauptgesimse, welche gleichzeitig als Bekrönungen und Mittel- oder Trennungsglieder zu den glatten Architraven und Architravstreifen Verwendung finden, wie bei Fig. 17 dargestellt. Dieses Beispiel für Architrave genügt, da alle Architrave bei den architektonischen Ordnungen dasselbe Bild zeigen.

Die Unterglieder der Hauptgesimse, welche als ornamentierte Glieder hier in Betracht kommen, sind:

Blatt- und Eierstäbe oder Viertelstäbe. Die Ornamentierung der Wulste oder Viertelstäbe mit Bandornament charakterisiert sich am häufigsten als sogenannter Eierstab, dessen Bedeutung und Benennung nicht recht klar ist und wohl nur aus dem plastisch angewendeten Blattornament, durch dessen einschneidende Vertiefungen zu erklären ist, welche bei der Antike eine eiförmige Bildung zeigen. Fig. 20. Diese Grundform ist vielfach wieder mit Blättern verziert.

Kehlleisten (Cimatium). Die Profilierung des Kehlleistens als umgekehrte Simaform ist schon in Fig. 7 und 8, Taf. 8 aufgeführt, die angewendeten Bandverzierungen desselben zeigen als Grundform das sogenannte Herzblatt (Fig. 25), welches wiederum mit verschiedenartiger Blattbildung bedeckt sein kann, wie die Figuren 18 und 6 auf Taf. 37 zeigen; je nach der Stilrichtung.

Perlstäbe (Astragal), auch Heftschnüre. Die Perlstäbe sind kleine Rundstäbe als trennende Zwischenglieder zwischen und unter den größeren Untergliedern bei allerhand Gesimsen angewendet, und zeigen auf diese Weise einen schnurartigen Charakter, weshalb sie auch als Heftschnüre bezeichnet werden.

Ihre Verzierungsbänder bestehen meist in Aneinanderreihungen von kugeligen oder länglichen Perlgliedern mit dazwischen gestellten oval gedrückten Scheiben oder Plättchen, Fig. 14 und 15, Taf. 37. Solchergestalt sind die Perlstäbe fast immer als Beigabe unter den Eier- und Blattstäben, sowie Viertelstäben der Antike zu finden.

Jedoch auch als einrahmende Glieder und Trennungen von Feldereinteilungen sind diese Rundstäbchen verwendet und dann vielfach als gedrehte Schnüre, Hohlrollen, Scheibenschnüre, auch als Zopfbänder gebildet, weshalb sie dann den Namen Heftschnüre führen. Fig. 26 *a-f*, Taf. 37 gibt ein Beispiel.

Demnach sind: Fig. 13. Umgekehrter Karnies (Cimatium) oder Kehlleisten, römisch, verziert mit Blattband.

Fig. 14. Perlstab, als Unterglied und Trennungsglied größerer Unterglieder.

Fig. 15. Viertelstab mit Perlstab, verziert mit Eierstab-Blattband, römisch.

Fig. 16. Kehlleisten, mit Herzblattverzierung.

Fig. 18 und 19. Kehlleisten, ebenso.

Fig. 20—24. Viertelstäbe mit Eierstab- und Blattbandverzierungen in verschieden gebildeter Form. Hierbei geben z. B. Fig. 20 und 24 mit unterem Perlstab die einfache griechische Grundform, während Fig. 21 und 22 die reichere römische Blattverzierung zeigen, ähnlich Fig. 15 und 23 ein Beispiel aus der französischen Spätrenaissance (Ebe).

Fig. 25 zeigt die einfache griechische Grundform der Herzblattverzierung an Kehlleisten.

Fig. 26 mit seinen Einzelteilen *a-f* ist hier der Zusammengehörigkeit wegen als Vergrößerung eines Teiles des Soffitenstückes Fig 3b (ähnlich wie bei Fig. 7, Taf. 18) deswegen beigefügt, um die Verschiedenartigkeit der Verzierung der umrahmenden Rundstäbchen (Astragal) zu zeigen. Die ganze Figur mit Mittelrosette ist ein quadratisches sogenanntes Kassettenfeld zwischen zwei Konsolen des Konsolbandes von Fig. 3b.

Auf **Tafel 38** folgen Hauptgesimse und ornamentierte Hauptgesimsteile der weiteren Zeitepochen und Stile, und sind:

Fig. 1. Gotische Sima. (Frühgotische Form [Glazier].)

Fig. 2. Frühgotische Sima (Gesimsverzierung) von Notre Dame zu Paris, 13. Jahrhundert (Muster-Orn.).

Tafel 38. Hauptgesimse. Simas, Unterglieder.

Fig. 3. Byzantinisches Hauptgesims von der „goldenen Pforte" zu Jerusalem; oberhalb Rankenornament in flachem Wulst, darunter Sima mit Akanthusblatt-Band; darunter Wulst mit lorbeerähnlichem Bandornament (allg.).

Fig. 4. Frühgotisches Rankenornament als Gesimsverzierung.

Fig. 5. Hauptgesims vom Kloster zu Fulda, romanisch, oberhalb mit Palmettenband, unterhalb mit schachbrettartiger Bandverzierung und Zickzacklinie (allg.).

Fig. 6. Palmettenartiges Bogenfries-Gesims von der romanischen Kirche zu Faurdy (Kanitz).

Fig. 7. Bogenfriesgesims von der romanischen Kirche zu Trebitsch, oberhalb mit Blattornament der Sima, unterhalb mit ornamentiertem Bogenfries (Lübke).

Fig. 8 und 9. Akanthusblattornamente an Simas französisch-romanischer Kirchen (Arles [Ebe]).

Fig. 10 und 11. Frühgotische Blatt- und Rosettenornamente an Sima-Hohlkehlen, aneinandergereiht (allg.).

Fig. 12, 13 und 14. Sima-Ornamente der französischen Spät-Renaissance vom Louvre.

Fig. 15. Sima-Ornament der französischen Spät-Renaissance (Barock [Versailles] nach Ebe).

Fig. 16. Wulst-Viertelstab, verziert mit Blattband, romanisch-französisch (Arles).

Fig. 17 und 18. Hohlkehl- und Wulst-Verzierungen in Renaissanceform.

Fig. 19 und 20. Verzierungen von Hohlkehl-Gesimsen frühgotischen Stiles (allg.).

Fig. 21. Marmor-Ornament als Sima und Fries-Verzierung, italienische Renaissance. Venedig. 15. Jahrhundert (Glazier).

Zu den Darstellungen der Hauptgesimse und deren verzierten Gliederungen auf Taf. 37 und 38 ist zu bemerken, daß die Bandornamente, besonders die Palmettenbänder mit unterer Rankenverbindung nach oben frei endigen und demnach eigentlich bereits zur zweiten Ornament-Gruppe der „freien Endigungen" gehören, ohne jedoch recht als freistehendes Zierornament aufzutreten. Dies gilt besonders von den verzierten Simas, wie z. B. von Fig. 5 und 6 und 10—12 auf Taf. 37 und Fig. 5, 8, 9 und 12—15 auf Taf. 38. Hier tritt das Palmettenornament als freie bekrönende Endigung nach oben auf, während die Zickzacklinie bei Fig. 5, Taf. 38, sowie die bogenförmigen Reihungen der mittelalterlichen Hauptgesimse, Fig. 6 und 7, Taf. 38, als hängende Abschlußornamente, also freie Endigungen nach unten auftreten.

Freie Endigungen (Bekrönungen).

Unter „freien Endigungen" versteht man im allgemeinen diejenigen Ornamentformen, welche ein Endigen oder Auflösen in Zapfen, Spitzen, Kelchen, Blumen etc. anzeigen, mit oder ohne seitliche Verbindung untereinander, oder selbständige, nach oben oder unten, auch seitlich gerichtete Zierstücke sind, je nach Art der Anwendung und des Materials.

Die meisten „Endigungsornamente" sind nach oben gerichtet und den pflanzlichen Ornamentmotiven entnommen, wie z. B. alle Palmettenbänder als Verzierung an Simas und Kehlleisten der Hauptgesimse, also in gebundener Form; ferner als Einzelornamente, wie Akroterien (Stirnziegel), bekrönende Dachziegel, Firstkrönungen, Kreuzblumen, Rosetten etc. Nach unten oder seitlich gerichtet erscheinen sie als Zapfen, Türbeschlagbänder oder sonstige in Spitze auslaufende Ornamente und sind solchenfalls auch den geometrischen Ornamentmotiven entnommen. Als herabhängende Fransen gehören sie den Textilmotiven an, charakterisieren sich aber auch als (gotische) Wasserspeier der Dachrinnen in Tierköpfen und Gestalten. An Tempelgiebeln sind als Endpunkte und Mittelaufsätze liegende Sphinxe, sitzende Greife und dergl. zu finden. Diese Gruppe der freiendigenden Einzelornamente ist auf Taf. 40 und 41 besonders behandelt.

Friese, Kämpfer und Archivolten. Die Verzierungen der Friese unter den Hauptgesimsen als Bestandtteile *b*, *b* der Gebälke bei den architektonischen Ordnungen, Fig. 1—4, Taf. 18 sind sehr mannigfaltige; sie treten in allen Formen des geometrischen, Pflanzen- und Tierornaments auf und sind als Band- und Rankenornamente häufig nicht verschieden von Sima-Ornamenten, wobei die gebundene Form ebensogut wie die freie Endigung zur Verwendung kommt. Ein Beispiel dafür gibt Fig. 21 auf Taf. 38, welches Palmetten-ähnliche Bandornament (als freie Endigung nach oben) ebensogut Sima- wie Fries-Ornament sein kann. Im allgemeinen sind die Friese, besonders die Friesfüllungs-Ornamente in dem später folgenden Kapitel: Füllungen, Taf. 74—78, behandelt und sind daher auf Taf. 39 nur die charakteristischsten Fries-Ornamente dargestellt, wie sich solche äußerlich bei den Bauwerken der verschiedenen Stil-Epochen zeigen.

Tafel 39. Friese, Kämpfer, Archivolten.

Fig. 1—3 sind Friesfüllungsornamente von quadratischen Füllungsteilen (Metopen der griechisch-dorischen und römisch-dorischen Ordnung, welche immer zwischen je zwei Triglyphen (dreiteilig geschlitzten Balkenverzierungen), siehe Fig. 1 und 5, Tafel 18 angebracht waren. In dieser Form ist der dorische Fries auch später in die Re-

Tafel 39. Friese. Friesornamente (Bänder, Füllungen), Kämpfer, Archivolten.

naissance übergegangen und wird noch heute derartig angewendet. Fig. 2 ist eine figürliche Metopenfüllung vom Parthenon zu Athen (allg.).

Fig. 4. Friesornamentstück eines römischen Frieses (allg.).

Fig. 5—7. Friesornamente als Beispiele italienischer Renaissance. (Gh.)

Fig. 8 und 10. Friesornamentstücke der italienischen Renaissance als Frucht- und Blumengewinde (Festons mit Bändern zwischen Ständern) und als gewundene Fruchtschnüre gebildet.

Fig. 9 (allg.), fortlaufendes Friesornament von der Kathedrale St. Jacob in Florenz; daselbst als Marmor-Intarsia angewendet, würde dieses Ornament auch gut in Sgrafittomanier gefertigt sein können. Die allgemeine Bezeichnung Intarsia gilt für alle „eingelegte“, d. h. nach einer Vorzeichnung in verschiedenem Material zusammengesetzte Arbeit, bei welcher das Positiv (die zeichnerische Figur) in das nach der Zeichnung vorher ausgeschnittene Negativ eingelegt ist. Das Material bestand zumeist aus verschiedenfarbigen Hölzern, aber auch aus dünn ausgesägten Marmorplatten und anderem passenden Steinmaterial, auf welche Weise eine mosaikartige Arbeit entstand. Die Kunst des Intarsierens kam von Italien nach Deutschland und gehört dem 15. und 16. Jahrhundert an. Da die Technik für die Herstellung eine sehr mühevolle und schwierige war, wurde dieselbe vielfach durch eine, den Intarsien in Form und Farben nachgeahmte Malerei ersetzt (die Intarsienmalerei). Dieselbe ist entweder in Ölfarben auf Holz oder in Wasserfarben mit Leimüberstrich ausgeführt und wird auf Putz von Wandflächen ersetzt durch die zur Renaissancezeit gleichfalls in Italien entstandene Sgrafitto-Malerei. Die Zeichnung des Ornaments erscheint dabei weiß auf schwarzem Grunde und wird durch Auskratzen derart bewirkt, daß der aus Kalk, Sand und Kohlenstaub bestehende, auf die Mauer aufgetragene schwarze Untergrund zunächst mit dünnem Gips überstrichen wird. Auf diesem Überstrich wird die Ornamentkontur (Umriß) aufgezeichnet und diese und etwaige Schattenlinien nunmehr mit einem spitzen Eisen aufgerissen, so daß die ganze Zeichnung in schwarzen Linien auf dem weißen Gipsüberstrich hervorkommt. Auf diese Weise kann man auch einen schwarzen Untergrund herauskratzen, der die Ornamentzeichnung weiß stehen läßt, wie bei Fig. 9.

Fig. 11. Friesornament in deutschem Renaissancestil vom Schloß Jever. (K. B.)

Taf. 40 und 41, freie Endigungen in nicht gebundener Form. Was im allgemeinen unter „freien Endigungen“ zu verstehen ist, wurde schon gesagt, wobei die laufenden Endigungen in gebundener

Form auf Taf. 37 und 38 als „Sima-Ornamente" dargestellt sind. Laufende Endigungen sind in ununterbrochener Folge sich aneinanderreihende Ornamente mit oberer oder unterer freier Endigung, zu denen auch, ebenso wie die Simaornamente, die in plastischer Gestalt frei aufsitzenden Firstkrönungen der Dächer, die Rinnleisten- und Attika-Bekrönungen gehören. Die Firstkrönungen kommen als bekrönender Zierrat in allen Stilen vor und sind entweder in durchbrochener Arbeit oder wenigstens nach oben in Zackenform gestaltet.

Tafel 40. Fig. 1 und 2, Firstkrönung oder Dachkante in Holzausschneidung.

Fig. 3. Firstkrönung in Schmiedeeisen, modern.

Fig. 4. Firstkrönung in Holz, Stein oder Eisen, spätgotisch.

Fig. 5. Firstkrönung, frühgotisch (nach Bötticher).

Fig. 31. Freies Rinnleisten-Ornament (Bekrönung der Hängeplatte) am Monument des Lysikrates, Athen.

Eine fernere Art der freien Endigungen sind die Zapfen und Kreuzblumen, erstere nach oben und unten gerichtet, letztere nur nach oben und ein spezielles Bekrönungs- und Endigungsstück der gotischen Giebel, wie Fig. 38 zeigt. Die Blattornamente dieser Kreuzblumen stehen rings um die Spitze nach allen vier Richtungen, daher der Name dieser besonderen Zapfenart.

Fig. 6, 7, 8, 34, 35 und 36 (Gh., allg. und V.) sind früh- und spätgotische Kreuzblumen.

Die Zapfen in pyramidaler Form (als Spitzen) nach oben gerichtet, zeigt besonders die deutsche Renaissance als seitliche Schmuckstücke ihrer Giebel, Fig. 27; diese Ornamentierungsweise ist den gotischen Giebelspitzen, Fig. 12, Taf. 27 (Fialen), entnommen.

Fig. 24, 25 und 26 sind Zier-Obelisken in italienischer und deutscher Renaissance und Barockform für eventuelle Anwendung, wie bei Fig. 27 und Fig. 10 und 11, Taf. 27.

Die nach unten gerichteten Zapfen treten in mannigfachster Form auf, so z. B. in flacher Holzausschneidung als sogenannte Stirnbretter, Fig. 16, 17 und 20. Diese Stirnbretter sind verkleidende Zierstücke, vor die viereckigen Stirnflächen von Holzsparren und Pfetten angebracht, welche sonst unschön unter den Dachflächen unserer modernen überhängenden Dächer hervorsehen würden. Außer vor der Giebelfirstpfette, welcher ein Stirnbrett aufwärts gerichtet als sogenannte Giebelblume (Akroterie) vorgesetzt wird, siehe Taf. 41, Fig. 2, sind alle anderen Stirnbretter meist als Hängezapfen ausgebildet.

Nach unten gerichtet ist der Zapfen zumeist als kantiger oder runder vollkörperlicher Zapfen ausgebildet (als Knopfrosette und dergl.

Tafel 40. Freie Endigungen. Firstkrönungen, Kreuzblumen, Zapfen, Rosetten, Krabben.

Zierstück) und erscheint er dann in der Untersicht meist als Rosette, z. B. Fig. 10 und 11 (wobei Fig. 10 ein Vierteldurchschnitt des Zapfens ist), Fig. 18 und 19, (Durchschnitt und Untersicht eines Holzzapfens); Fig. 21 und 22, sowie 32 und 33 sind Holzzapfen als Rosetten oberhalb ausgebildet und gleichzeitig als Deckenrosetten verwendet. (Von Decken des Rathauses zu Augsburg, nach L. Leybold.)

Fig. 21 und 29 sind Holzzapfen als Endigungen von sogenannten Treppenspindeln, und Fig. 29 als Stangenknöpfe, wie z. B. bei Fahnenstangen, Gardinenstangen etc.

Fig. 30. Zapfenartige Endigung von gotischen Bogenrippen. Der Hängezapfen in flacher Gestalt kennzeichnet sich fast nur als Rosette, daher ist die Rosette (stilisierte Rose) selbst im Ornament als freie Endigung anzuführen, wie Fig. 12, 13 und 28 darstellt. Fig. 12 und 13. Deckenrosetten der Renaissance.

Fig. 28. Frühgotische Knopfrosette. Fig. 15. Spätgotische Quadratrosetten.

Die Krabben, ein spezielles Zierstück der gotischen Giebel, z. B. Fig. 12, Taf. 27 sind als freie Endigungen in der Ornamentik plastisch (auch malerisch) angesetzte Blattstücke, welche jedoch auch oft am Anfange (der Wurzel) wie Kreuzblumen angesetzt sind, wie Fig. 9 zeigt; außerdem geben Fig. 37 und 38 gotische Krabben-Blattformen.

Tafel 41. Akroterien und Pfeilerköpfe, Vasen, Fig. 1—14. Fig. 15—21.

Akroterien (Stirnbretter, Stirnziegel, Giebelblumen) sind, wie schon beim Text Taf. 40 erwähnt, die bekrönenden Zierstücke (als Ornament freie Endigung nach oben), welche entweder direkt auf die Giebelspitze gesetzt werden oder davor angebracht sind. In allen möglichen Materialien, auch gemalt, hat besonders die Antike dieses Zierstück schon bei den Tempelbauten angewendet und war dasselbe hauptsächlich in der Form der aus einem Kelche mit Voluten (Spiralen) hervortretenden Palmette gebräuchlich. Die Giebelblume an der Spitze eines Giebels heißt auch Mittel-Akroterie, während seitliche, an den Giebelenden angewendete Halb-Akroterien auch als Seiten- oder Eck-Akroterien bezeichnet werden. An Stelle der Palmettenfiguren sind aber auch andere Gestaltungen verwendet worden, wie Greife, Fackelständer u. dergl. m.

Aber nicht bloß an Giebeln der Bauten, auch an Kunstgegenständen anderer Art, wie z. B. als Bekrönungen von Grabsteinen (Stelen) und dergleichen, sind diese Akroterien angewendet.

Tafel 41. Freie Endigungen. Akroterien, Bekrönungen, Pfeilerköpfe, Vasen.

Fig. 1 und 11. Altgriechische Akroterien als Bekrönung von Grabsteinen (Stelen) (allg.).

Fig. 2. Giebelblume in Holz zu einem Gartenhaus etc.

Fig. 3 und 6. Mittel- und Seiten- oder Eck-Akroterie als Frontbekrönungen oder zu Fensterdachung in Renaissanceformen. (Gh.)

Fig. 4. Gotische Giebelblume.

Fig. 5 und 13. Griechische Stirnziegel (allg.).

Fig. 7. Seitenakroterie.

Fig. 8, 9 und 10. Akroterienartige Bekrönungsstücke in frühgotischer und romanischer Form.

Fig. 12. Durchbrochene Giebelblume (in Metall).

Fig. 14 und 18. Pfeilerköpfe nach der Berliner elektrischen Bahn (nach Möhring). „D. B.“

Fig. 15. Vase im Empire (nach Sp.).

Fig. 16 und 17. Vasenaufsätze (als Akroterie).

Fig. 19 wie 16 und 17, barock.

Fig. 20. Akroterie in Leierform.

Fig. 21. Pfeilerkopf.

Säulen und Stützen.

Unter Stützen versteht man im engeren Sinne, besonders in der Baukunst, Säulen und Pfeiler, die zur Aufnahme und zum Tragen der oberen Teile eines Bauwerkes mit Dach dienen. (Siehe Säulenordnungen Taf. 18.) Diese Stützen bestehen je aus den drei Teilen: Kopf oder Kapitäl, Schaft (Mittelteil) und Basis oder Fuß, von denen naturgemäß Kapitäl und Basis die eigentlichen Ornamentteile bilden, während sich der Schaft, seiner Struktur nach, als eigentliche Stütze meist nur glatt oder als Rohrbündelstamm oder kanneliert (durch Rippen und Stege, hergestellt durch Aushöhlungen) darstellt.

Dies gilt besonders von der Säule, aber auch nur allgemein, denn die verschiedenen Kunstepochen haben auch den Säulenschaft ganz oder teilweise ornamentiert, während der Pfeiler- oder Pilasterschaft, besonders während der italienischen Frührenaissancezeit, sogar reich verziert und oft als Füllungsornament behandelt wurde.

Zu den „Stützen“ gehören ferner ihrer Funktion nach lampen- oder schalentragende Kandelaber; Geländer- oder Balustradenstäbe, welche in starker (pfeiler- oder säulenartiger) Form „Docken“ heißen; ferner: Trapezophoren oder antike Tisch- und Sitzbank-Füße; „Hermen“ (menschliche Stützenformen), auch „Karyatiden“ genannt (siehe Taf. 20, Fig. 1), und endlich Konsolen oder Tragsteine in ihren mannigfachen Formen, zur Aufnahme von Hauptgesimsen,

Tür- und Fensterverdachungen und auch als Bogenschlußsteine gebildet (Taf. 18, Fig. 3, 4, 5 und 10 und Taf. 20).

Die Säule mit Schaft und Basis. Die künstliche Stützenform der Säule und des Pilasters ist hervorgegangen aus der natürlichen des Baumstammes und der rohrartigen Staude, wie sich dies am deutlichsten ausdrückt bei den Säulen der Assyrer und Ägypter, Fig. 2, 4 und 5, Taf. 42, und sodann in die stilistische Form übergegangen und zu höchster Vollendung gebracht in der antiken Kunst der Griechen und Römer. Auch die italienische Renaissance hat in der Ausbildung der Säule und des Pilasters und von deren Einzelteilen Mustergültiges hervorgebracht. Die Säule und der Pilaster bestehen aus Kapitäl, Schaft und Basis oder Fuß.

Säulenkapitäle. Den obersten Teil der Säule, als den hauptsächlichsten und für die Ornamentik bemerkenswertesten Teil, welcher auch gleichzeitig als Merkmal für die Stilrichtung gilt, bildet der Kopf oder das Kapitäl. Die ägyptische Säule mit Kapitäl zeigt noch die naturalistische Auffassung der zusammengebundenen Rohrstaude, wobei das Kapitäl bald eine knospenförmige Gestalt zeigt, bald die Gestalt eines aufgeblüten Kelches, welcher auch an den Lotos erinnert.

Fig. 1—4, Taf. 42. Das persische und assyrische Kapitäl ist phantastisch mit Tierköpfen geschmückt, Fig. 5, Taf. 42, während die Kapitälbildungen der anderen orientalischen Völker Blumenmotive zeigen. Fig. 8 und 9, Taf. 42.

Die Antike, wobei zunächst an die Kunst der Griechen als grundlegend hierfür gedacht ist, unterscheidet bereits die drei Stilformen des dorischen, ionischen und korinthischen Kapitäls; diese Stilarten wurden bei den Römern dann reicher ausgebildet und sind so in die Renaissance übergegangen, Taf. 18, Fig. 1—4.

Das dorische Kapitäl, Fig. 6, 7, 11 und 13, Taf. 42, besteht aus den drei Teilen:

1. der viereckigen obersten Deckplatte, dem sogenannten Abakus,
2. dem darunter liegenden kreisrunden Wulste (Echinus),
3. den Ringen, welche den Wulst mit dem Schaft verbinden und stilistisch verschieden gebildet sind. Der Hals des Kapitäls wird durch eine weiter unten gebildete Einschneidung oder durch Rundstäbchenprofile gebildet.

Die Ornamentierung dieser Einzelteile des griechisch-dorischen Kapitäls war mit den hierfür passenden Ornamenten aufgemalt, Fig. 11, Taf. 42; der Abakus mit Mäanderband, der Echinus immer mit Eier- oder Blätterstab. Bei den Römern und der italienischen Renaissance ist die Ornamentierung plastisch, der Abakus meist glatt, er zeigt aber an seiner Oberkante stets noch ein feines Profilglied in Form eines Kehlleistens, glatt oder ornamentiert, und der Hals des Kapitäls ist meist mit Rosetten geschmückt. Fig. 13, Taf. 42.

Das ionische Kapitäl, Fig. 10, 15—18, Taf. 42, zeigt an Stelle der viereckigen Deckplatte (Abakus) als Merkmal über dem runden Echinus ein aufgerolltes Polster, welches rechts und links in großen Voluten (Spiralen) darüber hängt. Häufig sind dabei die sich bildenden hohlen Ecken bei der Volute durch Palmettenornament ausgefüllt. Fig. 16, Taf. 42.

Die Seitenansichten der Polstervoluten sind meist profiliert und mit Blatt- und Schuppenornament geschmückt. Fig. 17 und 18, Taf. 42.

Das korinthische Kapitäl. Fig. 12, Taf. 42.

Dieses Kapitäl bildet als Grundform eine runde Korbgestalt, welche ebenfalls oberhalb mit einer ausgeschweiften viereckigen profilierten Deckplatte versehen ist und deren weitausladende scharfe Ecken meist abgeschrägt sind. Der Korb selbst ist mit Akanthusblattwerk in zwei Reihen abwechselnd übereinander umkleidet, über welchen Akanthusranken hervorgehen, die sich paarweise an den Ecken in Voluten unterhalb der Deckplatte vereinigen, dieselbe gewissermaßen unterstützend.

Bei den Römern, welche die griechischen Kunstformen für sich aufnahmen, erscheinen dieselben nur in reicherer und vielseitiger ornamentierter Wiederholung; dies zeigt sich besonders in der korinthisch-römischen Ordnung, welche eine Verbindung der römischen mit der korinthischen darstellt und deshalb Kompositaordnung genannt wird. Dieser Art ist auch das Säulenkapitäl, welches unter der Deckplatte noch den reich verzierten Wulst oder Eierstab aufnimmt mit Überfall der korinthischen Akanthusranken, während diese in der großen Form der ionischen Polstervolute erscheinen, Fig. 1 und 2, Taf. 43.

Die weiteren Zeit- und Stilepochen der altchristlichen und byzantinischen, auch der romanischen Kunst haben zwar aus der Antike die Grundformen der korinthischen Kapitälbildungen aufgenommen, diesen aber eine bei weitem veränderte Ornamentierung gegeben, welche durch die gröbere Blatt- und Rankenbildung bedingt ist. Außerdem hat sich bei diesen Stilepochen noch eine besondere Art Kapitälform ausgebildet, welche als Würfelkapitäl bezeichnet wird und dadurch entsteht, daß vom kreisrunden Schaft nach oben eine Kugelform nach der Deckplatte übergeht, hierbei aber, nach deren vier gradlinigen Seiten zu, senkrecht Stücke abgeschnitten werden; diese sind entsprechend ornamentiert, Fig. 6, 8, 10, 11, 14 und 20, Taf. 43.

Ferner sind eine Eigentümlichkeit des romanischen und auch des später nachfolgenden gotischen Stils die Doppelkapitäle, welche entstanden sind durch die Vereinigung mehrerer Säulenschäfte zu einem einzigen Bündelschafte, auf welchem das Kapitäl dementsprechende Form erhalten mußte. Fig. 12 und 22, Taf. 43.

Die Ornamentierung des in seiner Grundform ebenfalls korb- und glockenförmig gestalteten gotischen Kapitäls ist eine mehr willkürliche, indem naturalistisch geformtes Blatt- und Knollenwerk, Fig. 22, 25—27, Taf. 43, wie lose angeheftet erscheint. Die Grundformen dieses gotischen Blattwerkes sind schon auf Taf. 12 unterhalb in Fig. 3—8 gegeben.

Die Renaissance und das Barock gehen wieder zurück auf die schön stilisierte und ornamentierte antike Kapitälform, nur in freierer und phantasievollerer Weise, indem Blatt- und Rankenwerk, auch Tierköpfe und dergleichen in harmonischer Anordnung verwendet sind. Fig. 1—9, Taf. 44.

Säulenschäfte und Basen (Säulenfüße). Die runden Säulenschäfte (der Stamm der Säule) sind besonders bei der griechischen Antike nie glatt gelassen, sondern belebt und verziert mit flachbogigen oder halbkreisförmigen Auskehlungen, sogenannten Kannelierungen, welche aneinandergereiht (20 bis 24 rund um die Säule), zwischen sich entweder scharfe Kanten lassen, wie bei der dorischen Ordnung, oder sogenannte Stege, wie bei der ionischen und korinthischen Säule, Fig. 10, 11, 13 und 14, 16—18, Taf. 42. Diese senkrechten Kanten oder Stegstäbe verstärken gewissermaßen den Säulenschaft und geben ihm gleichzeitig ein leichteres und zierlicheres Ansehen. Bei den Ordnungen der Griechen und Römer reichen die Kannelierungen am Schaft fast immer von oben bis unten mit bogenförmiger Endigung, während die Renaissance und das Barock die Säule vielfach auf $^1/_3$ von unten teilt und dann entweder das obere oder untere Schaftstück glatt läßt, oder anstatt der Kanneluren anderweitige Ornamentierung anwendet, z. B. Fig. 11 und 17, Taf. 44. Noch mannigfaltigere ringförmige Unterbrechung des Säulenstammes durch Sonderprofilierung und -ornamentierung findet bei der Kleinform der Säule statt in Gestalt von Balustern (Docken), Kandelabern, hermenartigen Stützen und dergl., wie Fig. 9, 12—16, 18 und 19, Taf. 44 zeigen. Dies wäre bei der Monumental-Architektur von Bauwerken weder angebracht noch schön und würde die ruhige Wirkung des Tragens als Stütze beeinträchtigen.

Basen und Säulenfüße. Dieselben finden sich in der Form ziemlich gleichmäßig als wulstförmige übereinandergelegte Ringe, durchbrochen von Hohlkehlen und mit viereckigem Untersatz versehen

(Plinthe), erst bei der griechisch-ionischen und korinthischen Säule vor, da die dorische Säule auf gemeinsamem Treppenpodest für die ganze Tempelfront ohne Fuß aufstand. Die Ornamentierung der Basenwulste geschah mittels Flechtbändern und Blattbändern, wie sie Fig. 4 und 5, Taf. 43 zeigt, und kommt erst bei der römischen Komposita-Säule vor, welche auch verzierte Hohlkehlen mit Blattband oder Pfeifenband zeigt. Diese Basenform der Antike ist auch von der Renaissance und dem Barockstil ebenso angewendet, jedoch fast immer glatt und unverziert. Die Säulenfüße der einfachen wie Bündelsäulen und Pfeiler des gesamten Mittelalters zeigen im allgemeinen die aus der Antike hergeleitete Form, jedoch etwas verzerrt, indem die Hohlkehlen die Wulste mehr unterschneiden, und letztere mehr flach herausgezogen sind, Fig. 24, Taf. 43. Außerdem ist ein besonderes Merkmal der mittelalterlichen Säulenbasen ein Blattornament, welches an allen vier Ecken der Plinthe über dem Wulst aufgelegt ist, um hier einen Übergang zu vermitteln. Fig. 10 und 23, Taf. 43 (Eckblatt).

Der Pilaster. Der Pilaster oder Wandpfeiler gilt als Stütze in der Baukunst gleich der Säule und ist seiner Form und Ornamentierung nach nichts weiter, als die aus der runden in die quadratische Form mit ebenen Seiten umgewandelte Säule. Es gilt daher alles bereits über die Säule und deren Einzelteile und Ornamentierung betreffs Kapitäl, Schaft und Basis Gesagte auch für den Pilaster, und kann deswegen auf die die Säule betreffenden Figuren hingewiesen werden. Nur ist zu bemerken, daß die griechische und römische Baukunst das ionische Pilasterkapitäl nicht mit Voluten versehen, vielmehr dafür die einfache dorische Form mit Ornamentierung angewendet hat. Außerdem ist ein besonderes Merkmal des Pilasters der italienischen Renaissance dessen ornamentale Verzierung als Füllungsornament, welches mit besonderer Vorliebe und seltener Schönheit ausgebildet wurde; die Beispiele hierfür finden sich unter der Rubrik Füllungen, Taf. 74 und 75, Fig. 1 und bei dem zugehörigen Text.

Postamente, Kämpfer. Die Postamente oder Untersätze und Stühle unter Säulen und Pilastern kommen zuerst bei der römischen Baukunst, bei den Fassaden der Zirkus- und Theaterbauten vor, Fig. 2 und 3, Taf. 20, ebenso sind die Kämpferpfeiler für die Rundbogen daselbst nichts weiter als kürzere oder längere Pilaster, deren Schaftflächen auf dieselbe Weise ornamentiert sein können. Das Nötige hierüber ist bereits, Fig. 12—15, Taf. 39, vorgeführt und im Text bemerkt.

Tafel 42. Fig. 1. Ägyptisches Kelchkapitäl, verziert mit Lotosblättermotiv vom Tempelvorhofe zu Karnak (Semper, Der Stil).

Fig. 2—4. Ansichten und Querschnitt der Schäfte von ägyp-

Tafel 42. Stützen. Säulen und Pilasterkapitäle mit Schaft.

tischen Säulenkapitälen in Form geschlossener Lotosknospen mit Deckelplatte darüber, vom Tempel in Beni Hassan (Semper).

Fig. 5. Assyrisches Säulenkapitäl vom Tempel des Xerxes in Persepolis (allg.).

Fig. 6. Protodorisches Kapitäl (Semper).

Fig. 7. Griechisch-dorisches Kapitäl vom Parthenon (allg.).

Fig. 8 und 9. Maurische Kapitäle aus der Alhambra zu Granada (Raguenet, Glockenkapitäle).

Fig. 10. Ionisches Säulenkapitäl (höchste griechische Blütezeit) vom Erechtheion (allg.).

Fig. 11. Griechisch-dorisches Säulenkapitäl aus Pästum (ältere Zeit). (Mauch.)

Fig. 12. Griechisch-korinthisches Säulenkapitäl vom Monument des Lysikrates zu Athen. (Mauch.)

Fig. 13 und 14. Ansicht und Vertikalschnitte (durch d. Schaft) des dorischen Kapitäls nach Vignola. (Italienische Renaissance.)

Fig. 15—18. Vertikal- und Horizontalschnitt, sowie Vorder- und Seitenansicht vom ionischen Säulenkapitäl nach Vignola.

Fig. 19. Griechisch-dorisches Pilasterkapitäl (Wandpfeiler) vom Erechtheion. (Mauch.)

Tafel 43. Fig. 1. Römisches Komposita-Kapitäl von den Thermen des Diokletian zu Rom (nach Mauch).

Fig. 2. Römisches Komposita-Kapitäl vom Titusbogen zu Rom (allg.).

Fig. 3. Säulenbasis zu Fig. 2.

Fig. 4 und 5. Säulenbasen römisch, korinthisch-Komposita.

Fig. 6. Altchristliches Säulenkapitäl, Doppelwürfel von S. Vitale zu Ravenna. (Gl.)

Fig. 7. Kapitäl von S. Marco zu Venedig (allg.) altchristlich-byzantinisch.

Fig. 8—10. Romanisches Würfelkapitäl in Ansicht, Basis und Schaftschnitt. Einfache Urform.

Fig. 11. Reicher ornamentiertes romanisches Würfelkapitäl, nach Form wie Fig. 8.

Fig. 12 und 13. Romanische Kuppelkapitäle vom Dome zu Limburg. (K. B.)

Fig. 14. Kapitäl vom Dom zu Mainz, romanisch. (Ebe.)

Fig. 15. Säulenbasis dazu.

Fig. 16 und 17. Romanische Kuppelkapitäle vom Kloster zu Maulbronn. (Ebe.)

Fig. 18 und 19. Romanische Säulenbasen mit Eckblattornament.

Taf. 43. Säulenkapitäle mit Basen.

Fig. 20 und 21. Kapitäle von S. Marco, byzantinisch.

Fig. 22. Frühgotisches Kuppelkapitäl von Amiens. (K. B.)

Fig. 23 und 24. Säulenbasen der Kathedrale von Rheims.

Fig. 25. Spätgotisches Kapitäl vom Kölner Dom. 14. Jahrhundert. (K. B.)

Fig. 26. Kapitäl, frühgotisch von Ely in England. (Glazier.)

Fig. 27. Bündelpfeilerkapitäl (4 alte große, 4 junge kleinere dazwischen gestellte Dienste.) Die um den runden Säulenhauptstamm angebrachten kleineren Verstärkungssäulchen, welche die Kapitäle tragen, nannte man in der Gotik „Dienste“. (Dom zu Köln.)

Fig. 28. Romanische Schaftverzierung, Freiburger Dom.

Fig. 29. Säulenbasis zu Fig. 27.

Tafel 44. Fig. 1. Säulenkapitäl von S. Marco, italienische Renaissance. (G. H.)

Fig. 2. Kapitäl aus Venedig (italienische Renaissance). (Gl.)

Fig. 3. Kapitäl vom Grabmal des Pietro Noceto in Lucca. 16. Jahrhundert. (G. H.)

Fig. 4 und 5. Kapitäle nach moderner heutiger Richtung, mit Beleuchtungskörpern für elektrisches Glühlicht.

Fig. 6. Kapitäl vom Louvre, Paris.

Fig. 7 und 8. Kapitäle, modern barock.

Fig. 9. Docken-Säulchen von Versailles. (Ebe.)

Fig. 10. Karyatide vom Erechtheion.

Fig. 11. Säulenschaftverzierung vom Artemision zu Ephesus. (K. B.)

Fig. 12. Docken-Säulchen, italienische Renaissance.

Fig. 13 und 18. Zier-Säulchen, italienische Renaissance. 16. Jahrhundert (allg.).

Fig. 14. Kandelaber aus Sta. Maria del Miracoli, Venedig. (Gl.)

Fig. 15. Antike Schaftverzierung.

Fig. 16 und 19. Ziersäulchen italienischer Renaissance. (Ebe.)

Fig. 17. Schaftverzierung in deutscher Renaissance.

Docken, Baluster. Als eine Art von Halbsäulen oder Zwergsäulen ist zu der Gattung der Säulen (als Stützen) noch diejenige der sogenannten Docken oder Baluster, Taf. 45, hier anzufügen, weil ihre Einzelteile mit Kopf, Schaft und Basis denen der Säule entsprechen, mit dem Unterschiede, daß der Schaft mit kreisrundem oder quadratischem Querschnitt sehr selten ein von senkrechter Linie begrenzter Zylinder ist, vielmehr verschiedenartig geschwungene Profillinien zeigt und durch profilierte Ringe häufig unterbrochen wird. In dieser Form haben die Docken mehr ein kandelaberartiges Aussehen und passen reihenweise nebeneinander gestellt am besten als Füllung zu allerhand

Tafel 44. Stützen-, Säulen- und Pilasterkapitäle, Schäfte.

Geländerbrüstungen von Hallen, Treppen, Fensterabschlüssen, Balkonen und Erkern, sowie zu Attikageländern über den Hauptsimsen, sogenannten Balustraden. Von dieser letzten Gattung von Geländern haben die Docken auch den Namen Baluster. In einzelner Anwendung dient die Docke als Kandelaber, Fig. 14, 18, Taf. 44, als Ziersäule, Fig. 9, 13, 15, 16, 19, Taf. 44, als Schalenträger u. s. f. Als Geländerpfosten und Traillen (Geländerstäbe) in Eisen und Holz kommen die Dockenformen ebenfalls vor; da jedoch diese Bauteile der Ornamentik mehr dem Gebiet der Innendekoration und dem der Architektur verwandten Kunstgewerbe angehören, kommen dieselben später an passender Stelle vor.

Verzierte Basen-Wulste und Kehlen. Wulste (Torus), Rundstäbe sind Profilgliederungen, welche fast ausschließlich an den Basen der Säulen, Pilaster und Docken, auch an Sockelgesimsen vorkommen. Der volle Wulst ist im Profil als Halbkreis gebildet bei der antiken und Renaissancesäule; bei der mittelalterlichen Säulenbase und auch als Tür- und Fensterumrahmung (Gewände) nimmt er mitunter auch elliptische Formen an und ist mehr oder weniger reich ornamentiert auch bei Deckenteilungen bis in die Neuzeit verwendet. Als dritter Teil der Säule, bei deren Fuß oder Basis, ist er an dieser Stelle in Verbindung mit der Kehle nochmals vorgeführt auf Taf. 45.

Während die kleinen Rundstäbchen, siehe Fig. 14, 15, 20, 24, 25 und 26, Taf. 37 (Astragal), meist Verzierungen in Form von Perlen (Perlstäbe) oder gewundenen Bändern und dergleichen erhalten, ist der große Rundstab in Form von gebundenen Stäben, mit Flechtbändern aller Art oder mit Blattbändern ornamentiert, wobei mit Vorliebe Lorbeer- und Eichenblattgewinde verwendet werden, siehe Taf. 45.

Hermen und Trapezophoren. Taf. 45 und 46. Die menschliche weibliche Figur als Baustütze (Karyatide), wurde bereits bei Fig. 1, Taf. 20, bildlich vorgeführt und im Text erwähnt, auch Fig. 10, Taf. 44 gibt nochmals eine Abbildung derselben von der Vorhalle des Erechtheion zu Athen. Die später als Stütze verwendete weibliche und männliche Halbfigur auf keilförmigem Pilasterschaft nannte man auch Herme, hergeleitet von der Form antiker Meilensteine, welche oben mit der Büste oder Halbfigur des Hermes oder Merkur bekrönt waren.

Jetzt ist diese Bezeichnung verallgemeinert überhaupt für Pilaster angewendet, deren Schäfte keilförmige Figur zeigen mit Kapitäl und Fuß von allen Formen. Auch die Hermen erhalten häufig Postamente von derselben viereckigen Pfeilerform und teilweisen Ornamentierung, wie bei den Säulen. Die Ornamentierung des Hermenschaftes ist eine stilistisch sehr verschiedenartige, jedoch der allgemeinen Verzierungsweise der Renaissance und des Rokoko entsprechende, bei welchen Stilarten bis in die Neuzeit fast allein die Form der der Antike entnommenen Herme vorkommt. Das Mittelalter kennt die Herme als Stütze und Bauornamentstück nicht.

Die Herme in halber Figur oder Büste auf keilförmiger Pilasterstütze wird (nicht ganz richtig) auch Karyatide genannt und dient als solche ebenso wie die bloß pilasterförmige als Treppengeländerpfosten, Fig. 1, Taf. 45 als Kandelaberträger, Fig. 5, Taf. 46 als Tischfuß, Fig. 12, Taf. 46 als Fenster- und Türumrahmung, Fig. 15, Taf. 46 als Zwischenstütze für Fenster und als Wandpilaster, sowie freistehend dekorativ.

Trapezophoren sind antike Tischfüße, meist aus Marmor an schweren Marmor- und Steintischen, in Gestalt von Tier- (Löwen- und Tiger-) Füßen mit direkt aufgesetzten Köpfen ohne Leib in grotesker Form. Manchmal sind den Köpfen Flügel beigegeben, in welcher Form die Trapezophoren auch als Bankseitenlehnen bei Marmor- oder sonstigen Steinbänken verwendet werden, mehr oder weniger in Verbindung mit ornamentalem Rankenwerk, wie dies besonders bei der Renaissance zu finden ist.

Tafel 45. Fig. 1—7. Hermenstützen.

Fig. 1. Treppenanfänger vom Pal. Madama zu Turin. (Ebe.)

Fig. 2, 3, 5, 6 und 7. Freifigürliche naturalistische Behandlung von Stützen und Konsolen etc.

Fig. 2, modern, vom kunsthistorischen Hofmuseum zu Wien. Diese Art der figürlichen Verwendung mit vollen Hermen in der Architektur ist dem Rokoko entlehnt, aber nicht gerade nachahmenswert, weil dadurch der eigentliche Charakter, die Funktion der Konsole, aufhört und die Herme zur bloßen Dekoration wird. Anders verhält es sich bei Fig. 5, wo die Herme als dienende Stütze für das obere Gebälk verwendet ist und damit einem bestimmten Zwecke dient. In diesem Falle ist die Herme (modern Barock von einem Berliner Wohnhause) also eher zulässig und alten historischen Beispielen der Barockzeit entlehnt. Hier verrichten die vollen Arme den Dienst zur Aufnahme der oberen Tragelast.

Fig. 3 und 6, Beispiele deutscher Renaissance, sind konventionelle und zweckentsprechende Konsolträger, als pilasterartige Stützen verwendet.

Fig. 7. Herme mit männlicher Halbfigur über unterer Brüstung modern, von einem Wohnhause in Berlin.

Wulstverzierungen der Säulen-Pilaster und Docken-Basen sind in den Fig. *a* und *b* nochmals, *a* als ionische Basis und *b* als korin-

Tafel 45. Stützen. Hermen, Docken, verzierte Wulste, Basen.

thische, in ganzer Zusammensetzung gegeben, während in Fig. 8—13 (allgemein typisch) nur die am meisten vorkommenden Wulstverzierungen gegeben sind.

Fig. 8. Wulst in Form gebundener Stäbe.

Fig. 9. Wulst mit gebundenem Lorbeerlaub.

Fig. 10. Romanisch-byzantinische Wulstverzierung mit Akanthusranke.

Fig. 11. Wulst mit antiker Flechtbandverzierung.

Fig. 12. Wulst mit gebundenem Eichenlaub, römisch.

Fig. 13. Wulstverzierung der Renaissance.

Fig. 14—21 (allg.). Formen verschiedenartiger Baluster (Docken), für Balustraden, Brüstungen, Geländer etc.

Fig. 15. Deutsche Renaissance.

Fig. 16. Modern, dorisch.

Fig. 17 und 19. Altdorisch.

Fig. 18. Barock, viereckig.

Fig. 20. Renaissance und modern.

Fig. 14 und 21. Modern, ionisch.

Tafel 46. Fig. 1—4. Antike Tischfüße (Trapezophoren) (allg.).

Fig. 5. Gußeiserner Kandelaberständer, Hermenform von der Großen Oper in Paris. (G. H.) Modern, französisch.

Fig. 6 und 13. Säulchenschaftverzierungen der deutschen Renaissance, 15.—16. Jahrhundert. Fig. 13 vom Grabmal Ludw. III. in der Marienkirche zu Marburg. (Ebe.)

Fig. 7. Pfeiler oder Hermenkopf vom Palazzo Gingui, italienisch. (Gurlitt.)

Fig. 8. Hermenkopf, deutsche Renaissance.

Fig. 9. Kapitäl als Konsole vom Pal. Ducale in Urbino. (Gl.)

Fig. 10. Pilaster-Kapitäl, italienisch, 16. Jahrhundert. (Gh.)

Fig. 11 und 14. Hermenstützen von altdeutschen Schränken. (M. O.)

Fig. 12. Moderne Hermenform als Tischfuß.

Fig. 15. Hermenartige Stütze von altdeutschem Schrank zu Koburg.

Konsolen. Da die ornamentale Bauform der Konsole bereits als Teil der Hauptgesimse unter der Hängeplatte vorkommt und an dieser Stelle als fortlaufendes Konsolband mit den in regelmäßiger Reihung angeordneten stützenden Konsolen auftritt, so ist hier dieses architektonische Bauglied als Stützenform gleich vor den Fenster- und Türumrahmungen eingeschoben, obgleich die Konsole in den verschiedensten Formen bei allen Teilen der Fassadensysteme und der Innendekoration in der Baukunst Verwendung findet. Zweck und Material,

Tafel 46. Stützen. Trapezophoren, Hermen, Säulenschäfte (Kapitäle).

sowie Stilrichtung bedingen Form und Verzierung dieses tragenden Bauornamentstückes.

Die Konsole tritt als Bauornament erst bei den Griechen und Römern auf, als Tür-Verdachungsträger rechts und links der Umrahmung bei den Griechen und ebenso bei den Hauptgesimsen und zu anderen Zwecken bei den Römern. Die klassische Form der Konsole ist in horizontaler wie vertikaler Richtung die S-Form mit Doppelspiralen oder Voluten und zwar in den seitlichen Ansichten, welche auch die eigentliche Ornamentierung zeigen. Die profilierten Frontseiten der Voluten sind meist mit Perlstäben, Schuppenflächen oder Blattmotiven verziert, die Unterseite der horizontalen Gesimskonsole ist fast immer mit Akanthusblatt verkleidet, während die vertikal stehende Konsole am untersten Ende der Volute ein vermittelndes Blattornament zwischen dieser und der Wand oder Umrahmung des Fensters oder Tür zeigt. Fig. 18, Taf. 47. Für letztere Stützform ist das schönste klassische Beispiel die Türkonsole am Erechtheion zu Athen, ähnlich Fig. 36, Taf. 47. Ähnlich sind auch die Formen dieser Art von Konsolen bei den Römern, und auch die Renaissance und Neuzeit hat dieselbe in dieser Grundform beibehalten, jedoch mit anders gearteter und mannigfaltigerer Ornamentierung, welche auch figürliche Motive aufnimmt. Dem verschiedenartigeren Zweck, der sich durch die späteren Zeitanforderungen geltend machte, entsprechend hat sich die Konsole ihrer Form nach ausgebildet als: a) Gesims- und b) Verdachungsträger-Konsole, hauptsächlich bei der Antike, ferner: c) als Balkenträger-Konsole, d) Bogenfries- und Bogenanfänger-Konsole, e) Hängezapfen- und Kapitäl-Konsole, f) Balkonträger- und Erkerträger-Konsole und g) Fenster- und Türbogenschlußstein-Konsole.

Alle diese verschiedenen Gestaltungen der Konsole haben sich allmählich im Mittelalter, während der Renaissance-Periode und bis in die Neuzeit herausgebildet und Anwendung gefunden, wobei im Mittelalter besonders die Hängezapfen und Kapitälkonsole mit ihrer teils runden, teils polygonen Grundform nach unten spitz zulaufend, als Träger für Figuren angewendet wurde. Hierzu ist natürlich, der mittelalterlichen Stilrichtung entsprechend, das kelchförmige, mit Blattschmuck verzierte Kapitäl recht geeignet, weniger das Kapitälkonsol der Renaissance mit den Formen des dorischen, ionischen und korinthischen Kapitäls, obgleich auch diese Ausbildung vielfache Verbreitung findet. Allerhand andere phantastische Formen sind nebenbei in Gebrauch, vornehmlich in der ganzen Renaissancezeit, im Barock und Rokoko wie bis in die neueste Zeit.

Die Konsole als Schlußstein von Tür- und Fensterbogen zeigt im allgemeinen die Form der tragenden, vertikal-stehenden Tür- und Fensterverdachungskonsole Fig. 31—36, Taf. 47 und Fig. 5 und 6, Taf. 27, ebenso die der Balkon- und Erkerträgerkonsole, Fig. 9, Taf. 27. Dieselbe kann aber auch, nach oben erweitert, gleichzeitig die Stütze von schalen- oder zapfenartigen Trägerkonsolen der Balkons und Erker bilden; hier muß auf die weiteren Tafelfiguren an betreffender Stelle verwiesen werden.

Tafel 47. Fig. 1—40 geben die mannigfaltigsten Formen von Konsolen der verschiedenen Kunstepochen.

Fig. 1. Konsol-, Bogenanfänger für Bogen, Gewölbe von Fiesole. (Nohl.) Italienische Renaissance.

Fig. 2. Romanisch. Abteikirche zu Werden. Konsol für Figuren und Gewölberippen. (Lübke.)

Fig. 3 und 4. Romanische Bogenfrieskonsolen von der Klosterkirche zu Laach am Rhein. (Lübke.)

Fig. 5. Hängekonsol von St. Pierre, Vézeley (Opderbecke). [Mittelalterliche Formen], gotisch, für Gewölberippen oder als Gewölbeschlußstein.

Fig. 6. Romanisches Frieskonsol von Athis (Frankreich). (O.)

Fig. 7. Gotisches Konsol nach Kellaway. (O.)

Fig. 8. Bogenkonsol von Laach. (O.) Das Konsol sitzt hier auf tragender Säule.

Fig. 9. Balkonkonsol, französisch, Renaissance. (Raguenet.)

Fig. 10, 12 und 17. Konsolen für Hauptgesimse aus Lentini, ital. (Nohl.)

Fig. 13. Modernes Hängekonsol für Büsten, Statuetten etc. (G. H.)

Fig. 14. Modern gotisch, auch als Bogenanfänger.

Fig. 15. Balkonkonsol nach römischem Muster.

Fig. 11 und 16. Moderne Renaissance-Konsolen. Fig. 11 für Tür und Fenster, auch als Schlußstein. Fig. 16 als Balkone.

Fig. 18. Moderne Renaissance vom Portal der Hannoverschen Reichsbank, Berlin (Hasack). (Ebe.)

Fig. 19 und 20. Moderne Renaissance für Innendekoration.

Fig. 21. Neueste Zeit. Portal-Konsol von der Berliner Hypothekenbank. (Wittling und Güldow.) (Berl. Archit.)

Fig. 22. Konsol der Zopfzeit. Groningen.

Fig. 23. Deutsche Renaissance.

Fig. 31. Vom Jupitertempel zu Heliopolis. Römisch. (K. B.)

Fig. 24. Agraffenartige Konsole (Holz) vom Gothenburger Schloß.

Fig. 25. Moderner Anläufer.

Tafel 47. Stützen. Konsolen (Schlußstücke).

Fig. 26. Konsol mit geflügeltem Löwenkopf, modern.

Fig. 27. Balkonkonsol, moderne Renaissance.

Fig. 28. Schlußsteinkonsol in Form modernbarocker Kartusche.

Fig. 29. Konsol im Stil Ludw. XVI.

Fig. 30. Mittelkonsol für Erker oder Balkone, schalenförmig modern.

Fig. 32—36. Vertikalkonsolen griechisch-römisch, modern für Hauptgesimse, Tür- und Fensterverdachungen, und als Schlußstein verwendbar.

Fig. 37—39. Griechisch-römische Hauptgesimskonsole, Vorder-, Seiten- und Unteransicht.

Fig. 40. Soffitenrosette zwischen zwei Konsolen.

Tafel 48. Konsolen, Konsol-Kapitäle etc.

Fig. 1. Maurisches Kapitäl von der Alhambra zu Granada. (Ebe.)

Fig. 2. Byzantinisches Kapitäl der Moschee zu Cordoba. (Ebe.)

Fig. 3. Konsol-Kapitäl (als Zapfen) vom Kloster Lilienfeld bei Wien. (P.)

Fig. 4. Gotisches Kapitäl von Westminster. (Gl.)

Fig. 5. Romanisches Kapitäl von Heiligenkreuz zu Goslar. (P.)

Fig. 6. Bogenstellung aus der Alhambra. (K. B.)

Fig. 7. Gotisches Konsol-Kapitäl von St. Martin, Köln. 1200. (P.)

Fig. 8—11 und 20, 21. Mittelalterliche Konsolformen. (P.) Fig. 12. Profil.

Fig. 13 und 14. Romanische Doppelsäule von Georgenthal. 1135. (P.)

Fig. 15. Romanische Bogenpforte. (K. B.)

Fig. 16. Bogenfries mit Konsolen vom Dom zu Magdeburg. 1200. (P.)

Fig. 17. Romanisches Kämpfergesims.

Fig. 18. Konsol-Kapitäl. 1350. (P.)

Fig. 19. Konsol von Notre Dame du Port. Clermont. 1100. (P.)

Fig. 22. Konsolbogenfries vom Kloster Canterbury bei Kent. 1115. (P.)

Tafel 49. Konsolen, Konsol-Kapitäle und Konsol mit Verdachung des Barock-, Zopf- und Empire-Stils.

Fig. 1. Konsol mit Verdachung, Stil Louis XVI, Zopf. Von der Rue de Varenne, No. 89, Paris. (Nach Sp.)

Fig. 2. Kapitäl-Konsol vom Belvedère, Wien. Barock. (Ornamentenschatz.)

Fig. 3. Rokoko-Konsol vom Hause Rue Casette, No. 36, Paris, Daly. (Nach Sp.)

Fig. 4a und b. Barock-Konsol, typisch.

Fig. 5. Kapitäl-Konsol, Barock, typisch. (Bibliothek, Wien.)

Tafel 48. Stützen. Konsolen, Konsol-Kapitäle, Kapitäle mit Bogen.

Tafel 49. Stützen. Konsolen, Konsol-Kapitäle mit Verdachung.

Fig. 6 und 7. Konsolen, Stil Louis XVI., Rue Boucher und Vendôme, Paris, typisch.

Fig. 8. Barock-Konsol aus Paris. Louis XIV. (Nach Gh.)

Fig. 9. Kapitäl-Konsol mit Frieskopf, Louis XVI., Empire, vom Palais de Justice, Paris. (Nach Speltz.)

Fig. 10. Fenster von Stein an der Donau. (Nach Sp.), barock.

Fig. 11. Fenster aus Prag, Seminar. (Nach Sp.), barock.

Fig. 12. Barock-Portal aus Holland. (K. B.)

Fig. 13. Tür aus der Fremdengasse in Wien. (Nach Sp.) Empire.

Fig. 14. Empire-Kapitäl. (Nach Sp.)

Balustraden, Attiken (Brüstungen). Als Balustrade bezeichnet man in der Baukunst eigentlich nur diejenige Art von Geländer, welche durch Aneinanderreihung von Docken (Balustern), siehe Taf. 45, Fig. 14 bis 21, gebildet sind, mit Handgriffüberdeckung, gleichviel, ob aus Stein, Holz oder Eisen hergestellt. Die größte Verwendung fanden diese Balustraden mit Docken als Stützenform im Altertum als Attika über dem Hauptgesimse, ebenso noch im Mittelalter, besonders in der Gotik, wo statt der Docken Maßwerkstäbe aneinandergereiht sind; aber auch die spätere Renaissance und das Barock zeigen diese Verwendung der Balustrade als Balkon- und Brüstungsgeländer. In letzterer Eigenschaft erscheint die Balustrade, in jedem Material hergestellt, auch als durchbrochene Ornamentfüllung und hier ist es besonders die Fensterbrüstung als unterer Abschluß der Fensterumrahmung, welche je nach der Stilart die verschiedensten Muster zeigt. So als durchbrochenes Maßwerk, als Muschel- und Kartuschen-Ornament, als geometrisch-lineares Ornament, als Bandornament u. s. f. Die neuere Form als Eisengitterwerk ist ebenso bekannt und beliebt, wie die blattförmige in Zierfiguren ausgeschnittene Brüstung der Schweizerhäuser. Von allen diesen Formgebungen, außer der letzteren Gattung, welche Taf. 113, Fig. 24, als mehr zum III. Teile des Buches gehörend, dort angereiht ist, gibt zunächst Taf. 50, Fig. 1—22 charakteristische Beispiele.

Tafel 50. Balustraden, Brüstungen (als Dachabschlüsse, Galerien, Balkons, Fenster, Türen etc.).

Fig. 1. Dachgalerie von Ste. Chapelle in Paris, frühgotisch. (Lübke.)

Fig. 2. Partie über dem Portal des Hôtels Marquardt, Stuttgart, Balkon-Balustraden in moderner Spätrenaissance. (Arch. R.)

Fig. 3. Galerie mit Hauptsims, modern gotisch (allg.).

Fig. 4. Gotisches Brüstungsornament. (Maßwerk) (allg.).

Fig. 5. Modern gotische Brüstungsfüllung.

Tafel 50. Stützen. Balustraden, Brüstungen (Attiken).

Fig. 6. Baluster zu Fig. 2.
Fig. 7. Kartuschenartiges Brüstungsornament, altdeutsch (allg.).
Fig. 8. Brüstungsornamentfüllung, modern deutsche Renaissance.
Fig. 9. Modern Renaissanceartige Brüstungsfüllung, Leipzig.
Fig. 10. Brüstung in Holzschnitzerei an einem Fachwerkhause in Hannover, Burgstraße. 15. Jahrhundert., deutsch. (M. O.)
Fig. 11. Balustrade vom Schloß Würzburg (barock).
Fig. 12. Galerie, als gotisches Maßwerk.
Fig. 13. Barock-Balustrade in Stein mit Postament (allg.).
Fig. 14. Durchbrochenes Füllungs-Balustradenmuster, Übergangsstil, 14.—15. Jahrhundert, altdeutsch-gotisch (allg.).
Fig. 16 und 17. Modern deutsche Renaissance-Füllungen mit Postamenten, Leipzig.
Fig. 19. Erker mit oberer und unterer Brüstung, modern gotisch.
Fig. 15. Brüstungsfeld, neueste Zeit, Leipzig.
Fig. 18. Balkonträger mit Eisenbalkonbrüstung, modern (allg.).
Fig. 20. Barockgitter in Eisen, Balkonfüllungsgitter vom Schloß Brühl am Rhein.
Fig. 21. Brüstungsfüllung vom Schloß Stuttgart, deutscher Barock. (L.)
Fig. 22. Galerie. Ornament von Brunellesco, italienische Hochrenaissance. (G. H.)

Tafel 51. Mittelalterliche Brüstungsfriese, Bogenfriese und Simse.

Fig. 1—12. Brüstungsfriese- und Galerien von Mölln, Rostock, Lübeck, Malchin, Stralsund, Greifswald, Anklam, Pasewalk (aus Gb.)
Fig. 13. Bogenfriese, als Brüstung mit Gesims in Backsteinbau. („A. M.“)
Fig. 14, 21 und 22. Friesstück und Gesimse von Brüstungen, ebenso. („A. M.“)
Fig. 15, 19 und 20. Mittelalterliche Friesornamente (nach P.).
Fig. 16. Bogenfries- und Galeriestück der Klosterkirche zu Dobrilugk. (Stiehl.)
Fig. 17. Bogenfriesstück mit Gesims einer Dorfkirche im Backsteinbau. (St.)
Fig. 18. Friesblende aus Brandenburg. (Gb.)
Fig. 23. Bogenfries von St. Jack in Ungarn. 12. Jahrhundert. (P.)

Umrahmungen, Füllungen.

Fenster- und Türumrahmungen. Diese Architekturteile sind

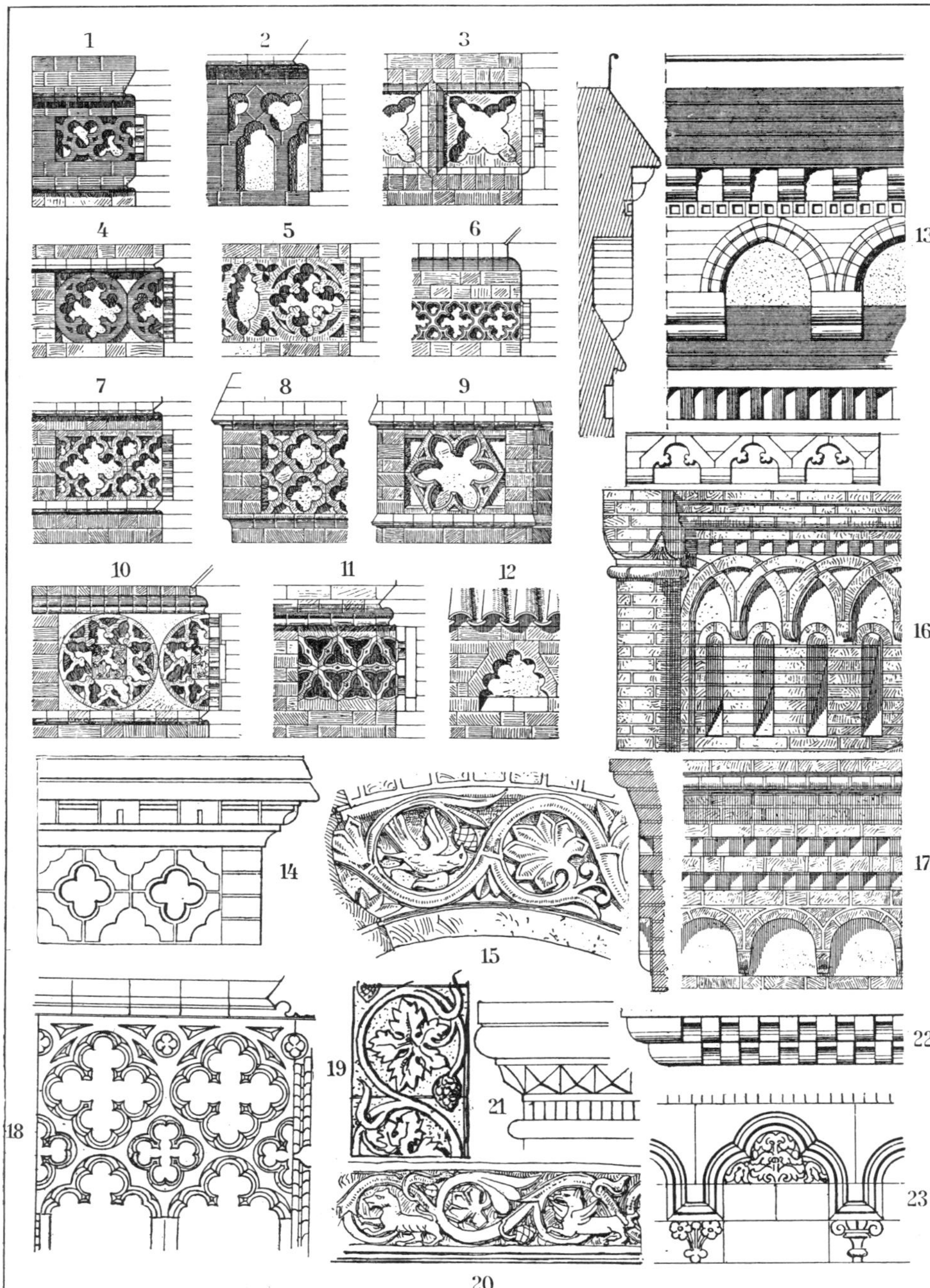

Tafel 51. Stützen. Mittelalterl. Brüstungsfriese, Bogenfriese und Simse.

das wichtigste Ausdrucksmittel für die äußere Gestaltung eines Bauwerks, und haben zu allen Zeiten die sorgsamste Ausbildung erfahren sowohl in ihrer Gesamtform, als auch in den Einzelheiten. Je ernster der Charakter des Bauwerks, um so einfacher, monumentaler die Größenverhältnisse der Fenster und Türen und deren Ornamentierung. Zu den schönsten Beispielen gehören, Taf. 18, Fig. 9, die antiken Türumrahmungen vom Erechtheion zu Athen, ionischer Ordnung, und anderer griechischer und römischer Tempel, sowie die Tür- und Fensterumrahmungen der altitalienischen Kirchen und Palastbauten.

Die Fenster- und Türumrahmungen bieten daher auch das ausgiebigste Feld für Profilierung und Ausschmückung, insbesondere zeichnen sich an Mannigfaltigkeit hierin die Formen der Antike und die von ihr hergeleiteten Rahmenmotive der Renaissance, des Barock und Rokoko aus, mit ihrer Gliederung von Umrahmung in Stütze und Gebälk (Architrav, Fries und Kranz) und Verdachung mit Konsolen und Zahnschnitten. Diese reichen Umrahmungsgliederungen fallen bei den mittelalterlichen Stilarten zwar weg, indem erstere hauptsächlich durch Profilierungen wirken, dafür sind diese aber besonders bei den Kirchenportalen oft sehr reich verziert, mit Einstellung von Baldachinfiguren und anderen Zieraten, während die Fenster durch das sogenannte Maßwerk in Form von Rosen und Spitzbogengliederungen schön und imposant wirken. Dies alles gehört jedoch mehr dem Kirchenbau wie dem Profanbau an.

Die Gesamterscheinungen von Türen und Fenstern und deren Umrahmungen sind auf den Systemtafeln 18—34 angeführt und zwar Taf. 18, Fig. 10 die antik griechische Form, Taf. 20, Fig. 2 und 3 die antik römische Form, Taf. 22, Fig. 1—4 die mittelalterlichen Formen, Taf. 26, Fig. 3, 4, 5 und 8 die gradlinige Fensterumrahmung in zwei verschiedenen Arten und mit der nach unten abschließenden Brüstung, welche als zur ganzen Fensterumrahmung gehörig betrachtet werden muß, beim griechisch antiken Fenster aber durch die einfache Sohlbank ersetzt wurde. Fig. 9 und 11, Taf. 52. Diese Sohlbank ist ein horizontal eingelegter profilierter Sockelstein, auf welchem die vertikalen Umrahmungen (Gewände) aufstehen. Die Einzelformen von Fenster- und Türumrahmungen, also der Gewände, Sturze mit und ohne Verdachungen und Brüstungen oder Sohlbänke aller Arten und Stile und mit Einzelstücken bis auf die neueste Zeit folgen nun auf den Taf. 52—68 und zwar Taf. 52—55 allgemeine Fenster- und Türeinzelheiten in verschiedenen Stilarten.

Taf. 56—62. Giebelfenster, Erkerfenster und Türen, Giebelverdachungen und Umrahmungen.

Taf. 63. Erker und Erkergiebel, Portale und Verdachungen.

Taf. 64—66. Portale.

Taf. 67 und 69. Portalverdachungen und Einzelheiten für Umrahmung und Füllung.

Tafel 52. Fig. 1. Türumrahmung *a*, mit Fries *b* und Verdachung *c* vom Tempel der Vesta zu Tivoli, griechisch. (Mauch.)

a ist zugleich Gewände und Sturz als Profil.

Fig. 2. Reiche Türumrahmung von S. Lorenzo in Damazo, italienische Renaissance von Vignola. Umrahmung bestehend in *a* Sturz, *b* Gewände mit seitlichen Konsolen, Fries *c* und Kranz mit Kragsteinen *d*. (Mauch.)

Fig. 3. Türumrahmung mit Verdachung vom Tempel des Herkules zu Cora, griechisch. (M.)

Fig. 4. Profilierung zu Fig. 1, wobei *c* Verdachung, *b* Fries, *a* Sturz und Gewändeprofil. (Mauch.)

Fig. 5. Profilierung zu Fig. 3, wobei *a* und *b* Sturz und Gewände, *c* Verdachungsprofil.

Fig. 6 und 7. Profilierungen der Umrahmung *a* und *b* zu Fig. 2 (Mauch), wobei 6 Profil für Gewände und Sturz, 7 Konsolleiste seitlich.

Fig. 8. Griechischer Astragal. (U.)

Fig. 9. Fenster mit Sohlbank vom Tempel der Minerva Polias zu Athen, einfachste Form in schönstem monumentalen Größenverhältnis, *a* Sturz, *b* Gewände, *c* Sohlbank.

Fig. 10 und 11. Profilierungen zu 9 (M.) 10, *a* Gewände und Sturzprofil, 11 *c* Sohlbank.

Fig. 12. Kranz vom Tempel der Minerva Polias zu Priene, ionisch-griechisch. (M.)

Fig. 13. Fenster mit Brüstung vom Palast der Cancelleria zu Rom (Renaissance). (M.)

Fig. 14. Tür vom Palazzo del Governatore, Rom. (M.)

Fig. 15. Ornamentierte Sohlbank im Stile der italienischen Renaissance.

Fig. 16. Detail zu Fig. 14.

Fig. 17. Gotisches Fenster mit Rose, zweiteilig, von der Ste. Chapelle zu Paris. (Lübke.)

Fig. 18. Gotisches Fenster-Maßwerk. 14. Jahrhundert.

Fig. 19. Romanische Portalgliederung mit reich verzierten Wulsten und Stäben, von der Kirche zu Koesfeld. (Opd.)

Fig. 20—22. Fensterecken, nach Viollet-le-Duc, gotisch (13. und 14. Jahrhundert).

Tafel 52. Umrahmungen. Fenster- und Türumrahmungen (Einzelteile).

Fig. 23. Portalumrahmung mit verziertem Wulst zu Beaue (V. l. D.) romanisch, 11. Jahrhundert.

Fig. 24. Romanische Portalumrahmung der Kirche zu Mauresmünster. (Opd.)

Fig. 25. Normännisches Portal (allg.).

Fig. 26. Fenster eines Hauses zu Amiens, romanisch.

Fig. 27. Fenster vom Dome zu Trier, romanisch.

Fig. 28. Langwandsystem der Kathedrale Peterborough. (K. B.), romanisch.

Aus den Fig. 19, 23, 25 und 29 ist deutlich, daß die Wulste der vertikalen Portalumrahmungen bis zum Bogen als Säulchen mit Kapitälen eingestellt sind.

Fig. 29 und 30. Romanische Architekturteile der Kirche zu Ely. (England L.)

Fig. 31. Gotisches Maßwerk.

Fig. 32. Südportal vom Freiburger Münster, 11. Jahrhundert. (V. l. D.)

Fig. 33—36. Formen gotischer Bogen.

Fig. 37. Fenstergiebel vom Rathaus zu Braunschweig, gotisch, 14. Jahrhundert. (K. B.)

Als besondere Erklärung zu den Tür- und Fensterformen in der Gesamterscheinung sei bemerkt: 1. die antike (griechische) Urform ist die gradlinige, bandartig mit Profilen versehene architravierte Umrahmung, mit oberem horizontalem Abschluß, auch Sturz genannt, während die seitlichen, senkrechten Umrahmungsteile auch Gewände heißen. Sturz und Gewände zeigen hier immer dieselbe Profilierung. Die antike Fenster- und Türumrahmung zeigt von unten nach oben meist eine Verengung, welche Verjüngung genannt wird, wobei aber die obere Sturzausladung (obere Breite) gleich der unteren Breite bleibt; auf diese Weise entsteht rechts und links eine Überstanddifferenz zwischen Sturz und verjüngten, d. h. nach innen und oben zu schräg geneigten Gewänden, welche sich als Ecke darstellt, und das Ohr *O* der Umrahmung genannt wird. Fig. 9, Taf. 52. Die Profilierungen von Sturz und Gewände bilden einen sogenannten Kropf an dieser Stelle *O* und sind dann im Winkel von 45° auf Gährung, d. h. diagonal zusammengesetzt, oder zugeschnitten.

Auch die italienische alte Bauweise, Fig. 2, Taf. 52, und italienische Renaissance und das Barock haben diese Ohren und Verkröpfungen von Sturz und Gewände-Profil vielfach angewendet, auch ohne Verjüngung der Gewände, und oft unter dem Kropf einen sogenannten Tropfen angehängt, siehe Fig. 10, Taf. 53.

Über dem Sturz kann dann noch ein Kranzgesims liegen, die sogenannte Verdachung, welche aber wieder noch durch glatte oder ornamentierte Friese getrennt sein kann. Die reichere römische und italienische Ausbildung hat den Gewänden noch weitere schmale Rahmen angefügt, welche nach oben in Konsolen endigen und die reichere Kranz-Gesims-Verdachung tragen; diese letztere wird mit und ohne Konsolband oder Zahnschnittband gebildet. Der Rundbogen als Tür- und Fensterabschluß nach oben (Tür- und Fensterbogen, Archivolte) ist die besondere römische Erfindung, über welchem und an welchem die bisher beschriebene Fenster- und Tür-Umrahmung ausgebildet ist; auch kann, wie an anderer Stelle schon gezeigt, an Stelle der einfachen bandartigen Profilumrahmung die ganze architektonische Säulenordnung treten (Fig. 6, Taf. 20 und Fig. 4, Taf. 53), mit unterem ganzen Brüstungsabschluß oder einfacheren Sohlbankabschluß für Fenster mit Postamenten für die Säulen oder Pilaster. Ferner kann ein Fenster (auch Portal), gleichviel ob gradlinig oder mit Rundbogen, als einzelnes einfaches Stück sich darstellen oder verdoppelt und verdreifacht, ja sogar galerieartig fortlaufend, so daß (zweifach) sogenannte Bündel- oder Kuppelfenster entstehen, dreifach Triforien genannt, wie bereits auf Taf. 20 und 22 dargestellt.

Alle diese Kombinationen sind von der Römerzeit ab in den mannigfaltigsten Gestaltungen durch alle Stilarten vertreten, wobei die antike Umrahmung bis zur architektonischen Ordnungsausbildung und zwar höchstens als Kuppelfenster nur von der Renaissance ab bis heute aufgenommen wurde, während das Mittelalter sich mit der oft sehr reich ornamentierten Umrahmung ohne Verdachung begnügt, dafür aber das vielfach gekuppelte Fenster vorherrschend anwendet.

Die antike horizontale Verdachung ist von der Renaissancezeit ab auch giebelförmig gradlinig als sogenannte Spitzverdachung (Fig. 4, Taf. 53) angewendet, oder als rundbogige (Fig. 9, 10, 11 und 13, Taf. 53), hat aber auch allerhand geschweifte Formen angenommen, besonders im Rokoko- und Zopfstil des 17. und 18. Jahrhunderts, wie die Figuren auf Taf. 53 zeigen, welche bis zu giebelartigen Aufbauten und Bekrönungen gehen, wie die weiteren Tafeln 54—63 zeigen. Den Einzelteilen der Konsole, sowie den Fries-Verdachungs- und Bekrönungsornamenten ist seit der Renaissance die größte Sorgfalt und mannigfaltigste Ausbildung zu teil geworden und muß in dieser Hinsicht auf die Figuren der Taf. 52—69 selbst hingewiesen werden.

Tafel 53. Fig. 1. Rundbogenbündelfenster, auch Kuppelfenster eines Palastes der französischen Renaissance. (L.)

Fig. 2. Fenster (Kuppelfenster) mit Brüstungsgesims vom Palazzo Riccardi in Florenz, von Michelangelo. (Mauch.)

Tafel 53. Umrahmungen. Fenster- und Türeinzelheiten.

Fig. 3. Fensterumrahmung der italienischen Renaissance vom Palazzo Vendramin in Venedig (allg.).

Fig. 4. Fensterumrahmung als Ordnung mit Spitzverdachung, im Sinne italienischer Renaissance, vom Palais Seßler von Herzinger (allg.).

Fig. 5. Architekturteil mit Fensterumrahmung der Bibliothek von S. Marco, Venedig, von Jacopo Sansovino (allg.).

Fig. 6. Fensterumrahmung mit Wandteil in Sgrafittomalerei, von einem florentinischen Palaste, italienische Renaissance. (A. R.)

Fig. 7. Brüstungsfüllung barock, französisch. (Ebe.)

Fig. 8. Tabernakel von St. Giovanni zu Fiesole. (In der Mitte Schild aus den Loggien des Vatikans, Rom.) (Glazier.) Als Beispiel einer Nischenumrahmung, die gleichbedeutend mit Fensterumrahmung sich darstellt.

Fig. 9. Fensterverdachung vom Hôtel Carnavalet in Paris, barock. (B.)

Fig. 10. Französische Renaissance, Tür-Umrahmung (Kopf) (allg.).

Fig. 11. Türumrahmung in Holzschnitzerei, italienisch. 16. Jahrhundert.

Fig. 12. Florentinisches Schild.

Fig. 13. Portal von S. Ignazio zu Rom. Hochrenaissance. (Nohl.)

Fig. 14. Fensterumrahmung mit Verdachung im Zopfstil eines Hauses der Schottengasse zu Wien. 18. Jahrhundert. („Arch.“)

Tafel 54. Fig. 1. Giebelfenster und Architekturstück eines modernen Berliner Geschäftshauses, mit Fensterumrahmung der Neuzeit in den Formen der Hochrenaissance.

Fig. 2, 5 und 10. Einzelheiten mit Verdachung, Konsolen, Umrahmung zu Fig. 1. (Wohn- u. Geschh., Neumeister.)

Fig. 6. Architekturstück mit Fensterumrahmung der Neuzeit. (Nr.)

Fig. 7 und 8. Modern gotische Giebelausbildung mit Fenster. (Nr.)

Fig. 9. Modern-barocke Giebelfensterdildung.

Fig. 11—17. Fensterverdachungen und Bekrönungen nebst Umrahmungen von alten Leipziger Häusern aus dem 18. Jahrhundert, welche als klassische Muster für diese Zeitepoche gelten können. (Vom Verfasser.)

Fig. 18—20. Modern-barocke Ornamentfüllungen, welche sich ganz dem Zopfstile der Epoche des 18. Jahrhunderts anschließen, zu welcher die Fensterumrahmungen und Bekrönungen der vorangegangenen Beispiele, Fig. 11—17, gehören. Fig. 18 und 20 zu Brüstungsfüllung und über Portalen. (Aufgen. vom Verfasser.)

Tafel 55. Reiche gotische Fensterumrahmungen.

Fig. 1. Erkerfenster-Umrahmung (modern gotisch) eines Wohn-

Tafel 54. Umrahmungen. Fenster- und Türeinzelheiten.

und Geschäftshauses, Friedrichstr. 109 in Berlin, von Arch. Enders & Hahn (aus Rückwardt, Architekturschatz).

Fig. 2. Gotische Fensterumrahmung des 12. Jahrhunderts von der Willibrordikirche zu Wesel, Süd-Portal. (Rückwardt.)

Tafel 56. Mittelalterliche Giebelfenster und Giebel.

Fig. 1—5. Fensterumrahmungs- und Giebelfensterstücke zu Wohnhäusern (aus „A. M.")

Fig. 6. Giebel vom Dom zu Stendal. (Gb.)

Fig. 7. Torgiebel von Neu-Brandenburg. (Gb.)

Fig. 8. Giebel der Cisterzienserkirche zu Doberan. (Gb.)

Fig. 9. Giebel der S. Marienkirche zu Bernau. (Gb.)

Fig. 10. Giebel der Kirche zu Uelzen. (Gb.)

Giebel- und Erkerfenster-Umrahmungen erfordern ihrer allgemeinen Erscheinung nach eine reichere Formbehandlung, welche namentlich bei der deutschen Renaissance ausgebildet ist.

Tafel 57. Fig. 1. Dachfenstergiebel-Umrahmung als dreiteiliges Fenster in den Formen modern-deutscher Renaissance und mit Ornamentierung in Werkstein. Die äußersten Gewände rechts und links sind als flache Anläufer gebildet, auf denen Obelisken als charakteristische Verzierung stehen, daneben bezeichnen weitere Anläufer die Giebelbildung. Die Ornamentation der oberen Giebelfüllungen ist den gewählten Formen entsprechend. (Verfasser.) (B. H.)

Fig. 2. Dachgiebelfenster-Umrahmung als Kuppelfenster, im Sinne altdeutscher, Alt-Bremenser Renaissance-Architektur als ganze architektonische Pilaster-Ordnung mit Gebälk und Bekrönung, Voluten-Anläufern und Zier-Obelisken, sowie reich ornamentierter Fensterbrüstung in Werkstein. Die darunter befindliche Fensterumrahmung mit Zier-Verdachung und flankierenden ornamentierten Pilasterstücken bildet die unmittelbare Architektur-Verbindung. (Vom Verfasser.)

Fig. 3. Fensterumrahmung mit regelrechtem kuppelüberdachten Balkon in modernen Barockformen. Die hauptsächlichsten Ornamentstücke sind hier die tragenden Säulen mit dem ornamentierten Giebelstück und die Balkonbrüstung. (Entwurf des Verfassers.) (B. H.)

Fig. 4. Altdeutsche, gotisierende einfache Fenster-Profilumrahmungen, mit Sohlbank in Stein.

Fig. 5, 6 und 11. Portal-Pilasterstücke in Barockformen, wovon Fig. 6 von einem Hause in München. (17. Jahrhundert.)

Fig. 7. Aufsatzvase zu Fig. 9.

Fig. 8. Mittelbalustradenstück nebst unterem Hauptgesims und Fensterbekrönungs- und Füllungsstück in größerem Maßstabe zu nachfolgender Fig. 9.

1 Tafel 55. Umrahmungen. Fenstereinzelheiten. 2

Tafel 56. Umrahmungen. Mittelalterl. Fenstergiebel und Giebel.

Tafel 57. Umrahmungen. Giebelfenster, Erker und Erkerfenster mit Bekrönungen.

Fig. 9. Stück eines Ausstellungs-Pavillons im Stile des modernen Rokoko, von der vorletzten Pariser Weltausstellung. Balkontür mit Balkon; die erstere neben ornamentierter Profil-Umrahmung mit Rundverdachung über Trage-Konsolen. Alles reich ornamentiert, ebenso das darüber befindliche Attikastück mit Hauptgesims. (V.) (nach A. R.)

Fig. 10. Dreiteilige Fenstermittelpartie eines Wohnhauses mit Erker, ornamentiert und in den Formen modern-deutscher Renaissance gehalten. Alle Umrahmungsteile dieser Fenster- und Erkerarchitektur sind in Brüstungen, Gewänden und Verdachungen als zusammengesetztes Beispiel und für die Praxis verwendbar hier vorgeführt. Auch ein oberer Schlußsteinsturz ist dargestellt mit Friesornamentierung. (Vom Verfasser entworfen.) (B. H.)

Tafel 58. Giebel und Giebelfenster etc., deutscher Renaissance.

Fig. 1 und 2. Giebel von Alt-Bremer Häusern. 16.—17. Jahrhundert. (R.)

Fig. 3. Giebel einer Villa in Berlin. (Kayser und v. Großheim.) (A. R.)

Fig. 4 und 5. Renaissance-Ornamente.

Fig. 6. Giebel in französischer Renaissance. (V.)

Fig. 7. Giebel und Fassadenteil vom Pellerhaus in Nürnberg. 1605. (allg.)

Fig. 8. Dach-Giebelerker von einem Hause in Düsseldorf. (A. R.)

Tafel 59. Als sehr reiches und schönes Beispiel deutscher Renaissance das Dacherkerfenster der Südwest-Front vom neuen Hamburger Rathaus. Arch. Grotjan (aus Rückwardts Arch.-Schatz).

Tafel 60. Fenstergiebel.

Fig. 1. Giebel und Giebelfenster eines Wohnhauses in Berlin; modern, deutsche Renaissance. Vom Arch. Zadeck. (Aus W. Rehme, Moderne Wohn- und Geschäftshäuser.)

Fig. 2. Vom Kaufhaus Spandauerstr. 36, Berlin. (W. R.) Moderngotisch.

Tafel 61. Fig. 1. Giebel und Fenster, modern barock, von einem Pfarrhaus in Berlin. Arch. Kayser und A. v. Großheim. (W. R.)

Fig. 2. Haus Berlin, Friedrichstr. 50, modern-gotische Giebel und Fenster. Arch. Cremer und Wolfenstein. (W. R.)

Fig. 3. Modern barock. Giebel mit Giebelfenstern etc.

Fig. 4. Turmgiebel, modern barock, vom neuen Kurhaus in Neuenahr. (Ill. Ztg.)

Tafel 62. Fig. 1. Fensterbogenumrahmung mit Profilbändern in geschweiften Formen, *a*, worüber Fries mit Konsolen, *b*, welche

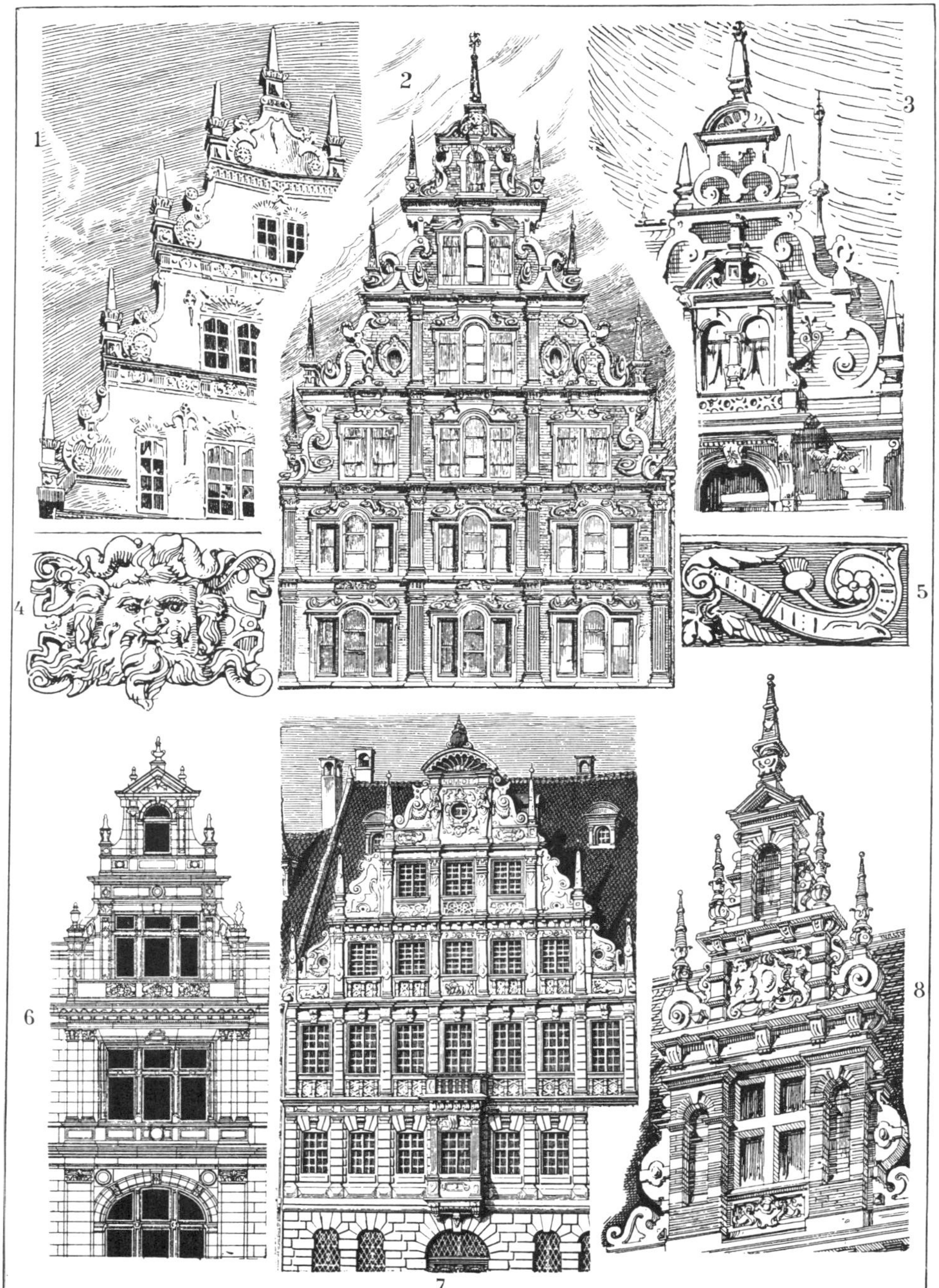

Tafel 58. Umrahmungen. Giebel, Giebelfenster und Fassadenteilungen deutscher Renaissance.

Tafel 59. Umrahmungen. Dacherkerfenster.

1

2

Tafel 60. Umrahmungen. Fenstergiebel, deutsche Renaissance und modern gotisch.

1

2

3

4

Tafel 61. Umrahmungen. Giebel und Giebelfenster (modern).

letztere die Spitzenverdachung mit unterbrochenem Gesims aufnehmen, so daß Fries und Giebelfläche zu einer Füllung werden, welche die schildförmige reiche Ornamentation mit Gehängen aufnimmt. Stilrichtung moderner Renaissance von dem Wohnhause Sieskind zu Berlin. (A. R.)

Fig. 2. Fensterumrahmung mit Sturz- und Gewände-Profil, *a*, neben dem seitliche Konsolen *b* die gerade Verdachung *c* mit Zahnschnittgesims aufnehmen. In der Fenstermitte unterbricht ein großer ornamentierter Schlußstein *d* die ganze obere Sturzgliederung mit dem Friese *e*, der mit Fruchtgehängen ornamentiert ist. Rechtsseitig ist der senkrechte Sturzschnitt gezeichnet; die ganze Figur ist als Musterbeispiel moderner Renaissance im größeren Maßstabe gegeben. (V.)

Fig. 3. Obere Fensterumrahmung in Stuck-Dekoration als Verdachung (Bekrönung) mit dazwischenliegender Fensterrand-Ornamentation von einem Palaste der Via Dante in Mailand, modern. (Arch. R.)

Fig. 4. Fensterumrahmung mit Sturz-Schlußstein und Sohlbank, sowie oberem Konsol-Fries mit Rundbogen-Verdachung, ähnlich Fig. 1. Moderne Renaissance, von einem Wohnhause in Karlsruhe (allg.).

Fig. 5. Dreiteiliges Fenster in modern gotischer Umrahmung mit dreiteilig bogenförmiger Bekrönung (mit Gewände-Rundstab eingerahmter reich ornamentierter Fläche in Werkstein). Der untere Fenster-Fensterabschluß als profilierte und Eierstab-geschmückte Viertelstab-Sohlbank, modern (allg.).

Fig. 6. Schildornament in Kranz vom Fensterfries, modern.

Fig. 7. Fensterbogenumrahmung, ähnlich wie Fig. 1, jedoch mit rundbogiger Verdachung, wie bei Fig. 4. Vom Würzburger Schlosse, Barock. 18. Jahrhundert.

Fig. 8. Fensterumrahmung, oben geschweift mit geschweifter Verdachung, in modern italienischer Renaissance, zu Taf. 27, Fig. 9 gehörig.

Fig. 9. Fensterumrahmung mit Schlußstein und mit anschließendem Wandpfeiler in modern zopfiger Stilform.

Fig. 10. Fensterumrahmung mit durchbrochener Spitzverdachung, modern deutsche Renaissance.

Fig. 11. Fensterumrahmung mit Verdachung, ähnlich Fig. 4, Barock, von der Wiener Hofkanzlei. 18. Jahrhundert.

Fig. 12. Dasselbe wie Fig. 9, jedoch Spätbarock, aus der zweiten Hälfte des 18. Jahrhunderts, von einem Hause in Bern.

Fig. 13 und 15. Giebelfensterumrahmung mit unterem Stockwerkfenster, frei, flach ornamental, in Stuck-Dekoration, vom alten Hammerherrenhaus zu Feistritz in Steiermark, echtes Rokoko, Ende des 18. Jahrhunderts bis Anfang des 19. Jahrhunderts. („Schr.“)

Tafel 62. Umrahmungen. Fenstergiebel und Verdachungen, Umrahmungen.

Fig. 14. Moderne Giebelornamentfüllung über einem Portal als Spitzverdachung. (V.)

Fig. 16. Dasselbe wie bei Fig. 5, jedoch in viereckig bekrönendem Rahmen.

Fig. 17. Rundbogige Fensterumrahmung mit Wandornament, ähnlich Fig. 3.

Fig. 18. Portalaufsatz zu Dijon, Barock. (Ebe.)

Fig. 19. Fensterumrahmung mit Verdachung vom Hôtel Pourtalès, Paris. Renaissance. (Dubaud [A. R.].)

Tafel 63. Erker und Erkergiebel. (Portalgiebel.)

Unter Erker versteht man im allgemeinen Zimmerausbauten oder Vorbauten vor Häuser-Fronten oder -Ecken, welche als polygone oder runde Zimmervergrößerung dienen und mit Fenstern versehene, umschließende Wände und Decken haben, sowie mit Dach nach oben oder Balkon versehen sind, zum Unterschiede von den freien, unbedeckten, an bestimmte Zimmer angebaute oder ausgebaute Balkons. Nach letzteren ist der Zutritt durch Glastür an der Front vom Zimmer aus bewerkstelligt, während beim umschließenden Erker derselbe inwendig nur die bedeckte Zimmervergrößerung als besonderen angenehmen Sitz bildet.

Die architektonische Erkerausbildung in Stein, Holz oder Eisen muß natürlich mit der übrigen Fensterumrahmung der Hausfront harmonieren und erfährt meist eine reichere Verzierungsform, welche aber wieder nur als Fensterumrahmung sich darstellt und als solche hierher gehört. Der historische Erker (als Turmausbau und Beobachtungsposten nach der Straße) stammt schon vom Orient, wurde im Mittelalter (als Chörlein) ausgebildet und besonders im deutschen Renaissancestile zierlich gebildet und bis heute mit Vorliebe angewendet. Erkerformen diesen Sinnes zeigen Fig. 1—6, Taf. 63.

Eine zweite, eigentlich nicht ganz richtig als Erker bezeichnete derartige Form sind die Dacherker, welche sich als bloße Dachgiebelfenster und ausgebaute Dachfenster mit Giebelfront und türmchenartiger Überdeckung umrahmt darstellen; auch sie fanden bei der deutschen Renaissance die schönste Ausbildung. Fig. 9, 10 und 12.

Da die Giebelaufbauten auch über reicheren Portalen Anwendung finden, so sind auch die Portalgiebel-Aufbauten hier mit angezogen und dargestellt, gewissermaßen als zur Portal-Umrahmung gehörig.

Die Beispiele der Taf. 63 sind:

Fig. 1. Zweistöckiger viereckiger Erker unten auf Konsolen ruhend, oben mit freiem Balkonabschluß in modern gotisierendem Stile aus Stein.

Fig. 2. Zweistöckiger, halb achteckiger Erker, unten mit spitz

Tafel 63. Umrahmungen. Erker, Erkergiebel (Portalgiebel).

auslaufendem, kelchförmigen Konsol, oben überdacht, ebenfalls modern gotisierend in Stein.

Fig. 3. Zweistöckiger, halb achteckiger Erker aus Holzfachwerk, welcher im oberen Stock und im Dach mit Schiefer bekleidet ist, während die untere Holzschnitzerei in ein Spitzkonsol ausläuft, nach Art der Holzbauten aus dem 16. Jahrhundert. (Nr.)

Fig. 4. Moderner zweistöckiger Erker in Ziegel-Verblendbau und Renaissanceformen, unten mit Ausläufer, oben mit Metalldach. (Nr.) Beide Erker, Fig. 3 und 4, sind turmartig und mit Kuppeldächern versehen.

Fig. 5. Viereckiger zweistöckiger Erker in Stein, moderne Renaissance, unten mit Flachschalen-Konsol abschließend, oben mit Verdachung.

Fig. 6. Einstöckiger Erker in Stein, unten mit Spitzkonsol, oben mit Balkonabschluß, in den Formen der deutschen Renaissance (allg.).

Fig. 9 und 12. Dacherker, einmal mit Kuppelüberdachung, das andere Mal in Giebelfront ausgebildet in modern deutschen Renaissanceformen, und mit seitlicher Voluten- und Postamentdekoration. (Nr. und V.)

Fig. 10. Erkergiebel aus Stein vom „Ritter“ in Heidelberg. Form des deutschen Barocks vom 17. Jahrhundert. (Ebe.)

Als Portalverdachungen (auch Umrahmungen für Portale und Fenster) stellen sich die Figuren 7, 8, 11, 13—16 dar, und zwar Fig. 7 moderne deutsche Renaissanceverdachung für Kuppelfenster, Fig. 8 modern gotisierende Fenster- oder Portalumrahmung Fig. 11, Portal mit Oberlicht aus Stein in modern deutschen Renaissanceformen.

Fig. 13. Portalgiebel, modern (allg.).

Fig. 14. Modern barocke Portal- oder Fensterüberdachung.

Fig. 15. Portalüberdachung vom alten Zeughaus in Danzig. 1600.

Fig. 16. Portalgiebel von der Frauenkirche in Zittau. (Arch. R.) Altdeutsch.

Fig. 17—19. Wandzierstücke.

Taf. 64 und 65. Portale und Portalverdachungen.

Tafel 64. Fig. 1. Portal-Vorbau im modernen Barock. (W. R.)

Fig. 2. Portal, modern, frei, eines Hauses in Paris. (W. R. Neue fr. Schule.)

Fig. 3. Portalkrönung eines Palais in Berlin. Architekt O. Rieth. (W. R.)

1

2

3

Tafel 64. Umrahmungen. Portale.

Tafel 65. Fig. 1. Marmortür im Palazzo Vecchio, von Benedetto da Majano. (H. Joly, Meisterwerke der Baukunst.)

Fig. 2. Portal von der Villa Wilke in Guben. Arch. Spalding und Grenander. (W. R.)

Fig. 3. Portal eines Hauses in Brüssel. Modern, frei. (W. R.)

Tafel 66. Portal mit Haustür eines Wohnhauses in Berlin. Victoria Louisenplatz 9, von Boswau & Knauer. (K. A. M.)

Tafel 67. Fig. 1, 2, 3. Friesornamente mit Schlußsteinen in modernem Barock über Tür- und Fensterumrahmungen.

Fig. 5. Modernes Bandornament als Fenster- oder Türumrahmung.

Fig. 4, 7 und 8. Modern barocke Ornamentfüllungen für Fenster- oder Türbrüstungsteile.

Fig. 9. Rundfensterumrahmung in modern barocker Form.

Fig. 10—12. Portalbekrönungen.

Fig. 10. Portalbekrönung mit halbrundem Oberlicht im Stile des modernen Barocks nach den Mustern des 18. Jahrhunderts, von einem Hause in der Sommerstr. zu Berlin. (Nach Breslauer; aufg. v. V.)

Fig. 11. Portalumrahmung und Bekrönung im Stile moderner Hochrenaissance von einem Leipziger Hause. Die Bekrönung bildet zugleich die Brüstung für das obere Kuppelfenster. (Nach Prof. Schuster; aufgen. v. V.)

Fig. 6. Pilasterkapitäl, welches an Stelle für Fig. 11 zur Umrahmung verwendet werden kann.

Fig. 12. Portalumrahmung und Bekrönung eines alten Leipziger Hauses in der Petersstraße. Barock-zopfig. 18. Jahrhundert.

Fig. 13 und 14. Pfeilerköpfe, modern für Haus- oder Garten-Portalumrahmung.

Fig. 15. Modern barockes Giebelornament für Portalgiebelverdachung. (Sämtl. Fig. aufgenommen und gezeichnet vom V.)

Tafel 68. Fig. 1. Portal-Umrahmung. Moderne breite Viertelstabwulst-Verzierung, wie dieselbe bei den Portalen der deutschen Renaissance zu finden ist. (Von der neuen reformierten Kirche zu Leipzig.) Aufgenommen vom Verf. Diese Portalumrahmung könnte auch angewendet sein bei dem Portal Fig. 10.

Fig. 2. Moderne Fensterumrahmung und Bekrönung, in Stein oder Malerei auszuführen. Nach dem Muster vom Wohnhause Invalidenstraße 23 in Berlin. (Berl. Arch.-Welt.)

Fig. 3—6. Moderne ornamentale Zierstücke und Bekrönungsblumen (freie Endigungen) der neuesten Zeit. Der Charakter und die Aus-

1

2

3

Tafel 65. Umrahmungen. Portale.

Tafel 66. Umrahmung, Portal.

Tafel 67. Umrahmungen. Portale, Fensterfries-Kartuschen-Ornamente mit Schlußstück, (Pfeilerköpfe).

Tafel 68. Umrahmungen. Portalumrahmungen und Einzelheiten.

bildung sind rein naturalistisch ohne erkennenswerte Stilisierung, welche höchstens in der Gruppierung von Fig. 5 und 6 sich darstellt.

Fig. 7 und 8 sind Portal-Pilasterkopf-Verzierungen in Form moderner Masken oder Fratzen der neuesten Zeit und ebenfalls von naturalistisch stilloser Ausdrucksweise.

Fig. 9. Wandpfeiler- oder Flächen-Flachornament, zwischen Portal und oberem Fenster als Sgraffitomalerei und als kartuschenartige Umrahmung für Schrift oder dergl. anzuwenden. Ebenfalls in naturalistisch freier Form der neuesten Zeit gehalten.

Fig. 10 gibt das Bild einer ganzen rundbogigen Haustürumrahmung in modern deutschem Renaissanceentwurf. (Nr.)

Fig. 11. Vergrößerte Form der Bogenumrahmung zu Fig. 10.

Fig. 12. Halbkreisförmige Nischenornamentierung und Umrahmung in modernen Barockformen.

Fig. 12 und 13. Bogenumrahmungen wie Fig. 1.

Fig. 14. Friesornament zu Fig. 9 zum Gebälk über dem Türbogen passend. (Außer Fig. 10 und 15 alles gezeichnet vom V.)

Fig. 15. Friesornament.

Tafel 69. Fenster- und Portaleinzelheiten, modern Barock.

Fig. 1. Fensterverdachungs-Umrahmung vom Palais Staudt in Berlin. Architekt O. Rieth.

Fig. 2. Portalfüllungsornament von der „goldnen Krone“ in Breslau. Architekten Kayser und v. Großheim (aus J. J. Arnd, Der Profanbau).

Fig. 3. Portalumrahmung mit Oberlicht vom Wohnhaus Schleswiger Ufer 5, Berlin. Baumeister H. Schwanke (aus K. A. M.).

Fenster- und Türumrahmungsprofile. Nachdem auf den Taf. 52—69 die Gesamterscheinungen der Fenster- und Türumrahmungen und deren Einzelheiten, sowie Ornamentierung derselben durch alle Stilepochen und bis auf die neueste Zeit dargestellt sind, erscheint es notwendig, in gedrängter Zusammenstellung die wichtigsten Beispiele der charakteristischen Profilierung (Gliederung) dieser Gewände, Sturze und Bogen vorzuführen, da die Fig. auf Taf. 52—69 des dort nötigen kleinen Maßstabes wegen hierzu weder genügend Raum noch Gelegenheit boten (ausgenommen Taf. 52, Fig. 1—9). Da es durchaus erforderlich ist, für die betreffende Ornamentierung einer Umrahmung auch deren Bauglied (Kehle, Wulst oder dergl.) kennen zu lernen, so bilden die Fig. auf Taf. 70 die Profilgrundlagen zu den Ornamentbeispielen der Taf. 52—69. Diese Profile können jedoch auch für anderweite Ornamentierung gelten, je nach dem vorliegenden Entwurf.

Tafel 70. Fig. 1. Profil der Türgewändeumrahmung am Erechtheion zu Athen, siehe Taf. 18, Fig. 9.

1

2

3

Tafel 69. Umrahmungen. Fenster und Portaleinzelheiten.

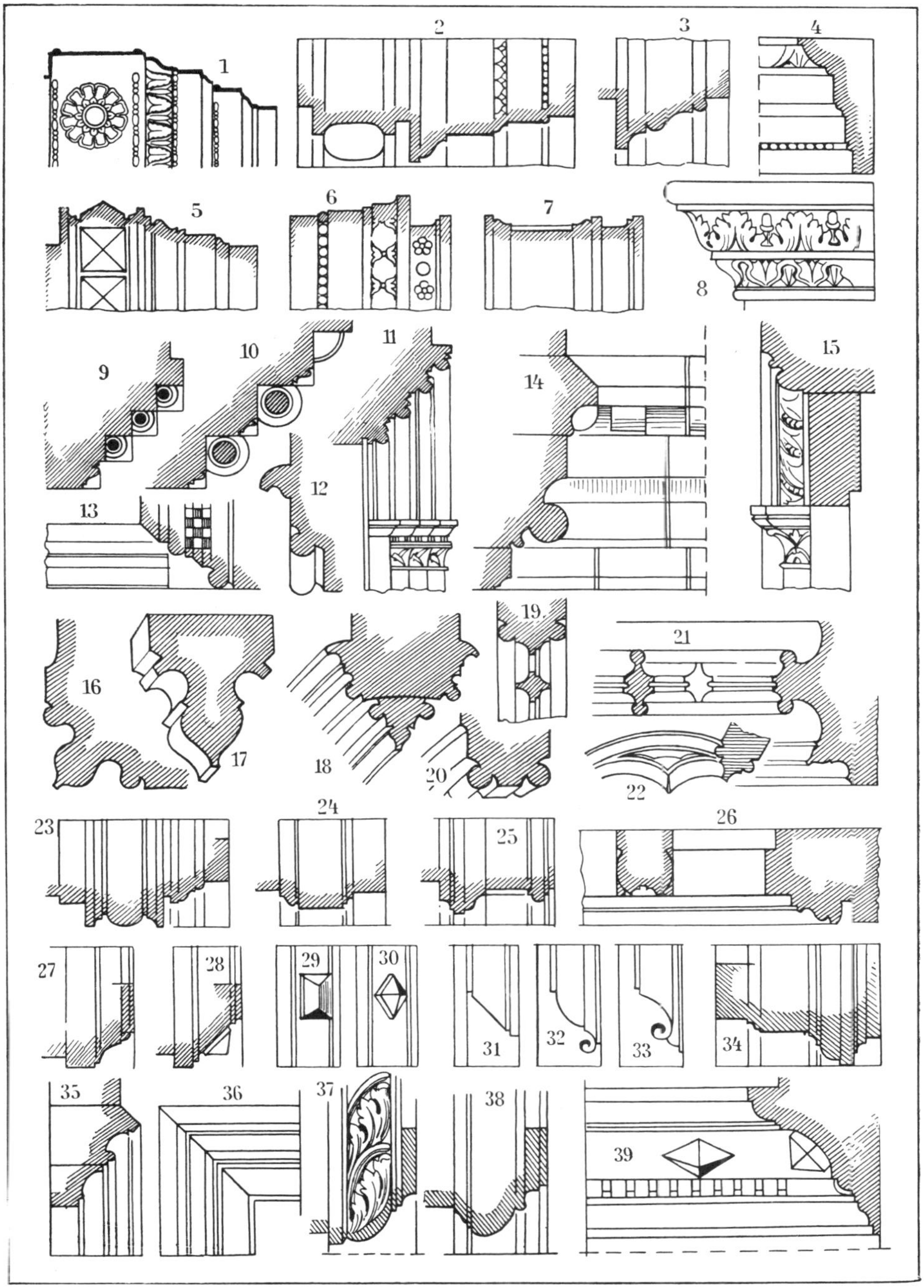

Tafel 70. Umrahmungen. Profile für Fenster- und Türumrahmungen.

Fig. 2. Türgewändeprofil *b* zu Fig. 2, Taf. 52 der Tür von St. Lorenzo in Damazo, nach Vignola. (Mauch.)

Fig. 3. Fenstergewände und Sturzprofil zu Fig. 9, Taf. 52, eines Fensters vom Tempel der Minerva Polias zu Athen. (Mauch.)

Fig. 4. Türgewändeprofil vom Palazzo Farnese, Rom. (Mauch.)

Fig. 5. Türgewändeprofil vom Palazzo del Governatore, Rom, zu Fig. 14, Taf. 52.

Fig. 6. Archivoltenprofil.

Fig. 7. Gewändeprofil.

Fig. 8. Sohlbankprofil vom Fenster der Càncelleria zu Rom, siehe Fig. 13, Taf. 36.

Fig. 9, 10 und 11. Portalumrahmungsprofile, romanisch, zu Fig. 19, 25, 29 und 32, Taf. 52 passend.

Fig. 12 und 14. Umrahmungsprofile, romanisch und gotisch am obersten Rande von Fenstern und Portalen, etwa zu Fig. 17 und 25, Taf. 52 passend.

Fig. 13. Profil zu Fig. 24, Taf. 52.

Fig. 15. Profil zu Fig. 23, Taf. 52.

Fig. 16. Gotisches Rahmenprofil.

Fig. 17—22. Gotische Fenstermaßwerk-, Fenster- und Türumrahmungs- und Gurtungsprofile, zu Fig. 17, 26, 28, 31 und 37, Taf. 52 passend.

Profile von Fenster- und Türgewänden der italienischen Renaissance geben Fig. 23 und 26, der deutschen Renaissance Fig. 27—33 und Fig. 39, Fig. 24 und 25, sowie Fig. 37 und 38 des Barocks.

Fig. 23 gehört zu Fig. 10, Taf. 53, Fig. 26 zu Fig. 2, Taf. 53.

Fig. 24 und 25 zu Fig. 15 und 13, Taf. 54, Fig. 27—30 zu Fig. 2, 4 und 10, Taf. 53.

Fig. 31—33 geben Profilabschlüsse nach unten (Füße) von Fenster- und Türumrahmungen der deutschen Renaissance.

Fig. 34. Profil zu Fig. 4, Taf. 61.

Fig. 35. Profilumrahmung, gotisch, zu Fig. 16 und 8, Taf. 62 passend.

Fig. 37 und 38 zu Fig. 12, Taf. 62 gehörend.

Fig. 39. Profil zur Umrahmung Fig. 11 und 14, Taf. 68.

Kartuschen („Cartouchen"), Schildformen. Außer den Fenster- und Türumrahmungen sind noch eine Anzahl anderer Umrahmungen in der Architektur gebräuchlich, welche als Schrifttafeln, als Füllungen aller Art, sowie als freie Wandflächenverzierung und Schlußstücke dienen und, die strenge architektonische Umrahmungsform verlassend, eine freiere ornamentale Gestaltung zeigen, welche sich in voluten- und lappenförmigen Endigungen in Verbindung mit Pflanzenwerk und Gehängen aller Art äußert. Diese besondere Art von Umrahmung, welche vielfach auch wappenförmige und Emblem-Verzierung zeigt, nennt man Kartuschen, oder vom französischen Ursprunge her: „Cartouchen" (Rolle, aufgerolltes Band). Dieses „Kartuschenwerk" ist eine eigenartige Erfindung der Renaissancezeit, besonders der deutschen Renaissance, obwohl schon bei der italienischen Renaissance die Anwendung der Kartusche zum Ausdruck kam bei den Wappen, Epitaphien, Schriftnischen und anderen Kleinarchitekturen, wobei noch der Hauptzweck der Umrahmung für das Schriftfeld, Nische oder dergl. festgehalten wurde. Rein dekorativ als Wand- oder Füllungsschmuck ist die Kartusche in der französischen und deutschen Renaissance und beim Barock angewendet, und auch bis in die Neuzeit findet diese Anwendung als bloße Schmuckform statt.

Taf. 71—73 geben charakteristische Beispiele von Kartuschen und kartuschen- und schildartigen Füllungsornamenten mit anderen Einzelheiten.

Tafel 71. Fig. 1 und 3. Kartuschen im Geschmack modern französischer Renaissance.

Fig. 2, 10, 12 und 13. Kartuschen als freier Wandschmuck im Stile deutscher Renaissance aus dem 15.—16. Jahrhundert. (Barockkartuschen, Karl W. Hiersemanns Verlag.)

Fig. 4. Kartusche, Rokokoperiode, als Schlußstück vom Portal des Johannis-Stiftes zu Dresden. (Gh.)

Fig. 5. Kartuschen im Stile des deutschen Barocks, 17. Jahrhundert. (Gh.)

Fig. 6. Kartusche, Rokokozeit, als Schlußstück vom Portal eines Wiener Palastes. (Gh.)

Fig. 7. Moderne Kartuschenform als Zierstück oder Schlußstück.

Fig. 8 und 11. Schildförmige Kartuschen (Fig. 11 als Füllungsornament).

Fig. 9. Medaillonförmige Schriftumrahmung mit Akanthusrankenornament im Zopfstil des 18. Jahrhunderts. (Ebe.)

Tafel 72. Fig. 1, 3 und 6. Moderne Kartuschen-Füllungsornamente der neuesten Zeit von modernen Berliner und Leipziger Geschäftshäusern (aufgen. vom V.).

Fig. 4 und 5. Modern barocke Kartuschen.

Fig. 2 und 7. Schildförmige Kartuschenornamente als Bekrönungen von Verdachungen und Pfeiler- oder Pilasterköpfen von modernen Berliner Bauten der Neuzeit. (Berliner Künstlerhaus, nach D. B.)

Tafel 71. Umrahmungen. Kartuschen, Schildformen.

Fig. 9. Kartuschenartige Fensterumrahmung vom Warenhaus Wertheim, Berlin 1900, modern (aufgen. vom V.).

Fig. 10. Modern barocke Schrifttafel als Kartuschenwerk mit Band- und Akanthusranke verziert.

Fig. 11. Kartusche als bekrönendes Schlußstück vom Zwingerpavillon zu Dresden. 18. Jahrhundert, Rokokoglanzperiode. (Poppe.)

Fig. 13. Kartuschenartiges Füllungsornament mit Bandverschlingung als Zierstück in modern barocker Form.

Fig. 15. Bogen- und Gewölbeanhänger mit Kämpfer-(Säulen-) Kapitäl in ornamentaler Kartuschenausbildung mit Lorbeergehänge in modern barocker Auffassung der Neuzeit.

Fig. 14 und 16. Kartuschenfries-Füllungsornamente, letztere als umkränzte Schildformen im Sinne deutscher Renaissance (modern).

Umrahmende Füllungsornamente. Fig. 8 und 12 als Brüstungs- oder Friesfüllungsornamente in modern barocker Gestaltung als Zierstücke hier angefügt; als Portalumrahmungsstück Fig. 8. Modern barocke Zierstücke mit Schlußstück von dem Portal eines Berliner Geschäftshauses, 1900 erbaut (aufgen. vom V.).

Fig. 12. Ziergehänge unter dem Fenster eines Hauses in Rouen. Zopf, 18. Jahrhundert. (Ebe.)

Tafel 73. Kartuschen (sämtlich aus der Zeitschrift „Modelleur").

Fig. 1. Kartuschenfigur von einem Volutenstück vom Bildhauer J. Albert, Berlin.

Fig. 2. Kartusche über dem Hauptportal des Geschäftshauses „Alt-Bayern" in Berlin, von Architekt W. Walther.

Fig. 3 und 4. Kartuschen als Füllungen, von Bildhauer F. Schreiber, Wilmersdorf-Berlin.

Füllungen (begrenztes Flächenornament).

Unter Füllung versteht man im allgemeinen eine mit bestimmten Grenzen versehene oder eingerahmte Fläche von gerader, krummer oder gemischtliniger Form, welche mit irgendwelcher Ornamentation, plastisch oder flach verziert oder ausgefüllt wird. Das angewendete Ornament heißt dann Füllungsornament (Füllung) und paßt entweder nur für die gegebene begrenzte Fläche (begrenztes Flächenornament) oder ist so eingerichtet, daß es in fortgesetzter Wiederholung und Vergrößerung auch über die begrenzte Fläche hinaus angewendet werden kann (Friesornament, unbegrenztes Flächenornament). Endloses Flächenornament ist das nach allen Richtungen hin sich ausbreitende Ornament, wie es bei den Wand- und Tapetenmustern sich darstellt.

Die Formen der „Füllungen" für das begrenzte Flächenorna-

Tafel 72. Umrahmungen. Kartuschen, umrahmende Schildformen.

1

2

3 4

Tafel 73. Umrahmungen. Kartuschen.

ment gehen zurück auf die elementaren geometrischen Figuren des Quadrats, Rechtecks, Dreiecks, des Kreises, des Polygons und der gemischtlinigen Figur und deren Teilungen, welche bereits in der ersten Abteilung abgehandelt und vorgeführt wurden.

Wir haben es nun hier hauptsächlich und zunächst mit der begrenzten oder eingerahmten Füllung zu tun, welche für das Bauornament eine der wichtigsten Rollen spielt, sowohl bei den Teilen der feststehenden Wand, als auch bei den frei sich zeigenden Architektur- und Bauteilen. Dabei kommt die Form des Rahmens oder der Abgrenzung der Füllung selbst nicht in Betracht, da dieselbe wiederum als Band- oder Flachornament oder als plastisches Profil oder als Holz- oder Eisenumrahmung mit dem Füllungsornament selbst nicht in Verbindung steht und nur der jeweiligen Stilform und seiner Breite nach sich anpassen muß, um die Wirkung des Füllungsornaments nicht zu beeinträchtigen, sondern vielmehr zu erhöhen.

Die in der Architektur als Füllungen gebräuchlichsten Teile sind: rechteckige, hochstehende Pilasterfüllungen (Pilasterschäfte), Brüstungsfüllungen aller Gattungen, meist von liegender rechtwinkliger Form, Hauptsims- und Wandsims-Friesfüllungen, diese auch hochstehend; ferner Friesfüllungen von Fenster- und Türumrahmungen, Zwickelfüllungen (dreieckig bei Rundbogenumrahmungen und als Giebeldreiecke), Ornamentfüllungen für Deckenteilungen, halbkreisförmige Füllungen zu oberen Nischenabschlüssen und Wandstückfüllungen aller Art.

Über die Art der Ornamentierungsweise der soeben vorgeführten „begrenzten Füllungen“ sei hier Folgendes gleich bemerkt:

Pilasterfüllungen als hochstehende Rechtecksfiguren werden ornamentiert

a) mit aufsteigendem Pflanzenornament in symmetrischer Anordnung oder wellenförmig aus Akanthuskelchen oder Vasen emporsteigend (die schönste Verzierungsart und stilistisch am richtigsten).

b) mit übereinander angeordneten Frucht- und Blumengehängen unterbrochen durch Wappen, Trophäen, Schilder und untereinander mit fliegenden Bändern verbunden an Ringen, Masken u. s. w.

c) mit ununterbrochenem, sich gleichmäßig ausbreitenden Flächenmuster, wie bei der deutschen Renaissance.

Die Renaissance in allen Ländern hat überhaupt die Pilasterfüllung am meisten und in schönsten Formen angewendet.

Brüstungsfüllungen (Brüstungen) zeigen meist quadratische oder rechteckig liegende Form.

a) Die Ornamentation des Quadrats richtet sich nach der Linienführung der Diagonalen und der die Seitenmitten verbindenden Mittellinien oder Transversalen. Der Schnittpunkt dieser beiden Linienpaare ist gleichzeitig der Mittelpunkt des Quadrats, um welchen symmetrisch und axial nach der Richtung der ersteren hin die Ornamentfiguren, Blätter, Kelche u. s. w. meist eine zentrale Füllungsfigur bilden, welche als Achtfelderteilung in Form von Rosetten, Sternen, Band- oder Maßwerk und wie immer erscheinen kann. Auf diese Art sind auch die Mosaikfußbodenplatten meist ornamentiert. Die Teilung des Quadrats in kleinere zu ornamentierende Felder geschieht bei den Fußböden, besonders aber bei den Decken. Taf. 74, Fig. 11.

b) Die Ornamentation des liegenden Rechtecks als Brüstungsfüllung kann ebenso wie beim Quadrat eine zentrale sein, Fig. 1, 6, Taf. 76, wobei die Ornamentfiguren vielfach sich symmetrisch den Transversalen (Mittellinien) anschließen, oder dieselbe kann aufrecht stehend symmetrisch axial gleichmäßig rechts und links von der kurzen senkrechten Mittellinie der Füllung liegen, Fig. 7, 10, Taf. 77, oder endlich kann sie aus aufrecht stehenden oder liegenden, fortlaufenden, aneinander gereihten Ornamenten bestehen, Fig. 3, 4, 11, Taf. 50, oder aus solchen, welche sich der Wellenlinie anschließen, Fig. 6, Taf. 75, Fig. 7, Taf. 74. Auch das Kartuschen-Ornament kann als Brüstungsfüllung Verwendung finden. Fig. 7, Taf. 50.

Friesfüllungen aller Gattungen, meist in der Form des liegenden Rechtecks, schließen sich in ihrer Ornamentation ganz derjenigen der Brüstungsfüllungen an.

Die übrigen Arten von begrenzten Füllungen wie z. B. Giebeldreiecke und Halbkreise, sind ebenso wie Brüstungen und Friese unter denselben Namen schon bei den zugehörigen Architekturstücken behandelt und figürlich dargestellt.

Auf Taf. 74—79 folgen Füllungsornamente, besonders für Pilaster, aber auch für verschiedene andere Form- und Raumgebungen, als Flach- und plastische Ornamente für Stein, Holz und Eisen.

Tafel 74. Fig. 1. Pilasterfüllung der italienischen Renaissance von der Treppe des Dogenpalastes zu Venedig. Als hängendes Ornament mit Emblemfiguren. (K. B.)

Fig. 2. Holz-Intarsia vom Chorgestühl der Certosa zu Pavia. (Glanz-Periode der Renaissance. 16. Jahrhundert.)

Fig. 3. Pilaster-Füllungsornament mit übereinander gestellten Figuren. Nach einer Vorlage im Britischen Museum, London. (Gl.)

Fig. 4. Pilaster von einer Wandbekleidung aus Sta. Croce zu Florenz. (H. G.)

Fig. 5. Pilasterfüllung von der Treppe des Dogenpalastes zu Venedig. (K. B.)

Fig. 6. Romanischer Pilaster vom Kreuzgange des Klosters St. Sauveur zu Aix. (Ebe.) Das Füllungsornament, als sich wiederholende aneinandergereihte Figuren, kann auch liegend sein.

Fig. 7. Friesfüllung, romanisch, von der Klosterkirche zu Gelnhausen, liegend oder stehend, als sich wiederholende Figur. (Ebe.)

Fig. 8. Füllungsornament der lombardischen Schule des 16. Jahrhunderts in Italien von St. Michele in Venedig. Blütezeit. (Gl.) Diese Fig. 8 ist eines der schönsten Beispiele des aufsteigenden, symmetrisch angeordneten Pflanzenornaments, aus einer Vase emporstrebend, in hochstehender Rechtecksfüllung.

Fig. 9. Pilasterornament der italienischen Renaissance (nach Lützow).

Fig. 10. Pilasterornament mit Kopf, modern, als axial zentrale, sich wiederholende Einzelfigur, auch liegend zu verwenden. Vom Kaufhaus, Leipzigerstr. 133, Berlin.

Fig. 11. Quadratische Füllung mit Einzelteilung für Decken oder Fußboden.

Tafel 75. Fig. 1. Pilasterornament der italienischen Renaissance, wie Fig. 9, Taf. 74. (Lützow.)

Fig. 2. Romanischer moderner Pilaster oder Fensterpfosten nach neueren amerikanischen Bauten. (V.)

Fig. 3. Pilasterfüllungsornament vom Kloster St. Sauveur, Aix. (Ebe.) Romanisch, 12. Jahrhundert, wie Fig. 10, Taf. 47.

Fig. 4 und 5. Byzantinische Wandfüllungsornamente mit Umrahmung aus St. Marco, Venedig. (Gl.) Die Ornamente stehend und liegend als Wiederholungsfiguren.

Fig. 6. Byzantinisches Friesornament der Kirche zu Dana in Syrien. (M. O.) Als wellenförmige Akanthusranke.

Fig. 7. Frühgotisches Füllungsornament zu Fries und Brüstung.

Fig. 8. Rahmenornament, italienisch.

Fig. 9. Fries vom Forum des Trajan. Römisches Prachtstück. (Gl.)

Fig. 10. Pilasterornament der modernen Neuzeit, mit aufstrebender, symmetrischer Anordnung.

Fig. 11. Renaissance-Relief von einem französischen Kamin. (Lübke.) Quadratische Füllung mit symmetrisch aufrechtem Ornament.

Fig. 12. Holz-Ornamentfüllung im Stile Ludwig XV., Anfang 18. Jahrhundert. (Gl.)

Fig. 13. Gemaltes Friesornament vom Palazzo Ducale, Mantua. (Giulio Romano [allg.].)

Tafel 74. Füllungen. Pilaster- und Friesfüllungen (Fig. 11 quadratisch).

Tafel 75. Füllungen. Pilaster-, Fries- und Raumfüllung.

Fig. 14. Friesornament aus den Uffizien, Florenz (allg.).

Fig. 15. Marmorfüllung vom Palazzo Vecchio, Florenz. (M. O.)

Tafel 76. Fig. 1, 5, 6, 6a, 7 und 8. Brüstungsfüllungen mit Ornamenten von zentraler Figur im Stile deutscher Renaissance.

Fig. 2. Friesornament, Mittelstück als Kartusche (Schild). Deutsche Renaissance.

Fig. 3. Sgraffito-Friesornamentfüllung in italienischer Renaissance. Venedig (allg.).

Fig. 4. Prachtstück deutscher Renaissance. 15. Jahrhundert. Holztruhe, Intarsia und Schnitzerei. (M. O.) Hierbei ist vertreten die Pilasterfüllung, Zwickeldreiecksfüllung, bogenförmige Nischenfüllung und Wandfüllungsstück.

Fig. 9. Friesornament in englischer Renaissance, auch als Laibungs-Ornament für Holzteile bei Türen, Balken u. s. f. (Elizabethbaustil.)

Fig. 10. Frühgotisches Friesornament (wie Fig. 2, Taf. 75).

Fig. 11. Pilasterfüllung in französischem Barockstil.

Fig. 12. Friesornament unter einer Türverdachung aus Linz. (Empire.) 18. Jahrhundert. (Ebe.)

Fig. 13. Friesfüllung von einer niederländischen Holztäfelung. (17. Jahrhundert. Ebe.)

Fig. 14. Schrank-Intarsia-Fries des 16. Jahrhunderts. Historisches Museum, Dresden.

Fig. 15. Schildzier vom Brunnen in Bologna (als rechteckiges Füllungsornament).

Fig. 16. Bekrönungsornament als Wandfüllung vom Ministerium des Innern, Wien. Rokoko. (Ebe.)

Fig. 17. Füllungsornament vom Treppenhause des Münchener Schlosses. Rokoko. (Ebe.)

Fig. 18. Französisches Rokoko-Ornament als Eckfüllung (allg.).

Fig. 19. Giebelfüllung von der Türbekrönung des Portals der Ratsapotheke zu Bremen, altdeutsch (allg.).

Fig. 20. Friesornamente des Klassizismus. 18. Jahrhundert. Versailles. (Ebe.)

Tafel 77. Fig. 1. Zierstück in Stein als Pilasterfüllung von der Immobilien-Verkehrsbank zu Berlin. Ornament der Neuzeit. 1900. (Berl. Arch.-W.)

Fig. 2. Zierstück in Stein als Wandfüllung vom „Haus Berliner Künstler“. (Hoffacker.) Ornament der Neuzeit. 1900. (Berl. Arch.-W.)

Fig. 3. Kartuschen-Füllungsornament (Fensterbrüstung) vom neuen Zentral-Theater in Leipzig, modern. 1900. (Aufg. v. V.)

Tafel 76. Füllungen. Füllung für Fries, Pilaster, Giebel- und Türumrahmung.

Fig. 4. Modernes Umrahmungsornament, auch Friesfüllung. 1900.

Fig. 5. Zierstück oder Füllung, wie Fig. 1 und 2.

Fig. 6. Zierstück, Füllungsornament vom deutschen Reichstagsgebäude über Bogenöffnung (allg.).

Fig. 7 und 11. Brüstungs-Füllungsornamente von modernen Leipziger Bauten. 1900.

Fig. 8. Umrahmungsornament, auch als Friesfüllung, wie Fig. 4.

Fig. 9. Pilasterfüllung, französisches Barock. (Ebe.)

Fig. 10. Halbkreisförmiges Füllungsornament der Neuzeit. Kartusche.

Tafel 78. Moderne ornamentale Pfeilerfüllungen und Pfeilerköpfe.

Fig. 1. Modernes Pfeilerornament von Arch. H. Theissing, Berlin. (Modelleur.)

Fig. 2. Modernes Pfeilerkopfornament, Arch. Colovi, Berlin. (Modelleur.)

Fig. 3. Modernes Pfeilerkopfornament, Arch. Ziegra, Berlin. (Modelleur.)

Fig. 4. Modernes Pfeilerornament, Bildhauer C. Rödel, Berlin. (Modelleur.)

Tafel 79. Fig. 1. Moderne Brüstungsfüllung vom Haus „Weise“ in Halle.

Fig. 2. Zierstück in Stein als Wandfüllung, von der Mecklenburg-Strehlitzschen Hypothekenbank in Berlin. (Neuzeit.) (B. A.-W.)

Fig. 3. Hölzerner, geschnitzter Treppenpfosten im Augustiner-Bräu in Berlin. (Stil: altgermanisch-nordisch; kann auch als Pilasterfüllung Verwendung finden. Arch. Kayser und v. Großheim.) (B. A.-W.)

Fig. 4. Modernes schmiedeeisernes Ornament als quadratisches Füllungsgitter.

Fig. 5. Eule in moderner Umrahmung, als Füllung. Vom „Haus der Berliner Künstler“. (Hoffacker.) 1900. (B. A.-W.)

Fig. 6. Modern barockes Kartuschenornament. (Plastisch als Wandfüllungsstück. (D. B.)

Fig. 7. Moderne Umrahmung oder Friesfüllung. (In Holz geschnitzt.)

Fig. 8. Pfeilerkopf mit unterem Füllungsornament der Neuzeit. (Nach D. B.)

Fig. 9. Blume und Ranke für Schmiedeeisen.

Tafel 77. Füllungen. Pilaster- und Friesfüllungen.

1 2

3 4

Tafel 78. Moderne Pilasterfüllungen und Pilasterköpfe.

Tafel 79. Flächenverzierungen. Freie Wandflächenverzierung, Einzelteile und Ornamente.

Fig. 10. Kartusche, modern Renaissance, als Füllungsornament. (Nach Schr.)

Fig. 11. Moderne Zierleiste oder Friesornament.

B. Innen-Dekoration.

Allgemeines.

In den vorausgegangenen Kapiteln ist die bei der äußeren Architektur in Betracht kommende Ornamentierung in der Anwendung vorgeführt. Die Innendekoration eines Bauwerks zeigt im wesentlichen dieselben Formen. Ein Unterschied zwischen beiden Gestaltungen tritt lediglich hervor in der Behandlung der Wanddekoration mit deren Unterbrechungen durch Türen und Fenster und als besondere Schmuckteile kommen die dekorative Behandlung und Verzierung der Decken und Fußböden hinzu, für welche die betreffende Ornamentierung auf Taf. 80, 81 und 82 gegeben ist.

Zur besseren Veranschaulichung der Innendekoration von Räumen ist ferner eine Zusammenstellung der wichtigsten Dekorationsarten von Decken, Wänden und Einzelarchitekturteilen für Innenräume, von Vestibülen, Sälen, Durchfahrten und Zimmern für öffentliche und private Zwecke auf den Taf. 80—86 geboten, gleichzeitig als Seitenstück zu den Systemtafeln 18—34 der Außenarchitekturen.

Obgleich, besonders heute, je nach Zweck, Geschmack und Sonderwunsch die Dekoration von Innenräumen recht verschieden gehandhabt wird, so können doch folgende allgemeine Regeln für Innendekoration aufgestellt werden:

1. Die Gesamtdekoration eines Raumes muß einen möglichst ruhigen und einheitlichen Gesamteindruck hervorrufen, also eine harmonische Erscheinung in Farbe und Anordnung der Einteilungen und Ornamente, gleichviel in welchem Stile und zu welchem Zwecke die Dekoration ausgeführt ist.

2. Je kleiner ein Raum, desto einfacher ist derselbe zu gestalten, desgleichen wenn derselbe nur privaten Zwecken dient. Besonders ist hier das Tapetenmuster der Wände zu beachten, dessen Ornamentfiguren nicht zu groß, sondern den Maßen der Wand und des ganzen Zimmers angepaßt sein sollen, wie überhaupt der Maßstab des Ornaments für den Gegenstand die erste Bedingung immer sein sollte, da hiervon gleichzeitig die Harmonie des Ganzen abhängt. Ähnlich verhält es sich mit den Farben, welche, je nachdem, zu grell oder zu matt die Wirkung hervorheben oder verderben können. Ob eine einfache gemalte Voutendecke mit Mittelrosette oder Decke mit Teilungsfiguren

am Platze ist, kann nur durch die Örtlichkeit und Zweck selbst entschieden werden, bestimmte Vorschriften lassen sich hier nicht geben.

3. Räume für allgemeinen Gebrauch oder Monumentalräume sind in der dekorativen Gestaltung und Farbengebung möglichst hell und bei aller etwa gewünschten Prachtentfaltung doch in einfachen großen Formenteilungen zu halten und mit entsprechend maßvollem, dem Größenverhältnis angepaßten Einzelornament zu versehen.

Hierher gehören Vestibüle (Treppenhäuser), Hallen und größere Säle. Die Zimmertapete wird hier für die Wandfläche durch passende Malerei ersetzt, welche mit Vorliebe die Motive der Festongewinde und Kranzgewinde, aber auch Friesmalereien anwendet, und besonders die Pilasterdekoration tritt hier in ihre Rechte. Im übrigen muß Geschmack und Zweck für die Einzelausschmückung berücksichtigt werden, was auch für die Deckenausbildung gilt. Bei der geraden Decke ist die Kassettenteilung oder sonstige geometrische Figurenteilung hier meist mit Stuckdekoration bewirkt, der die innere Feldermalerei entsprechen muß.

Bogenstellungen und Gewölbe (Kreuz- und Kappengewölbe) lassen an der Wand fast immer halbkreisförmige Felder (Lünetten oder Scheiben) frei, welche ein besonders beliebtes Motiv für Dekorationsmalerei abgeben. (Fig. 4, Taf. 80, Fig. 9, Taf. 81 und Fig. 2, Taf. 82.)

4. Die Ausbildung und Dekorierung der Türen und sonstigen Wandunterbrechungen mit Spiegeln, Nischen oder dergl. ist natürlich dem Stile und der sonstigen Wand- und Deckendekoration anzupassen, der Maßstab und die Größenverhältnisse geben hier die Richtschnur für die Einzelteile.

a) Systeme und Einzelteile der Innendekoration. (Taf. 80—86.) Innendekoration zu Vestibülen, Flurhallen, Sälen, Durchfahrten und deren Einzelheiten.

Tafel 80. Fig. 1. Reichere Hausflurdekoration, auch für Durchfahrt, Halle oder Saal passend. Die Türumrahmung ist Holz, ebenso wie die untere Brüstungs- oder Paneelverkleidung unter der Wandmalerei.

Fig. 2. Stück des oberen Friesteiles von Fig. 1. Die kleinen Pilaster, sowie die Deckenteilung sind Stuck, dazwischen in den Feldern Malerei.

Fig. 3. Deckenkehle für Innendekoration, in bemaltem Stuck.

Fig. 4. Architektursystem, mit Kappengewölbedecke zwischen Trägern und Gebälkstücken. (Verf.) Der Sockelteil mit Pilasterpostamenten ist Holzverkleidung, alles übrige Stuckdekoration mit Malerei.

Fig. 5. Tür- und Wandstück aus dem Badezimmer des Fugger-

Tafel 80. Innendekoration. Wandteile und Dekorationssysteme mit Einzelteilen.

hauses in Augsburg. (K. B.) Die Wandverkleidung zum Teil in Marmor, ebenso wie die Türumrahmung; die Ornamente sind Malerei.

Fig. 6. Teil einer Speisesaaldekoration. (Verf.) Die Paneele und Türumrahmung sind Holz, auch der schräge Deckenfries mit Malerei.

Fig. 7. Hauptgesims (in Holz oder Stuck mit Malerei), zu Fig. 6 passend.

Fig. 8. Querwand zu Fig. 6 als Holzarchitektur mit bunten Glasfenstereinsätzen.

Fig. 9. Halbkreismalerei zu Fig. 4, der oberen Nischenabschlüsse.

Tafel 81. Fig. 1. Konzertsaal-Langwand mit anschließendem Buffetraum. Das Podium des Saales mit Treppenaufgang in Holz, ebenso wie die 2 m hohe Paneelverkleidung mit Türumrahmung. Die große Deckenkehle am besten in Holz mit Stuck, besser Holzkonsolen mit (gemalter) Ornamentierung, der darüber befindliche Fries mit Konsolen, welcher das bunte Glas-Oberlicht aufnimmt, in Holz (und eventuell Stuck), alles passend bemalt.

Fig. 2. Holzdeckenteilung zum Buffetraum oder Nebensaal zu Fig. 1. Derartige Holzdecken sind in ihren balkenförmigen geometrischen Teilungen und Teilfiguren nicht aus vollem Holze, sondern werden als hohle Bretterkasten gebildet, an welche oberhalb und unterhalb die Profilgliederungen angesetzt werden. Diese letzteren können ebenfalls je nach Zweck und dekorativer Notwendigkeit mit Bandornamenten (Karnies, Sima- und Wulstverzierungen) bemalt werden; die Füllungen dieser Balkenuntersichten, konstruktiv aus ineinandergeschobenen Brettern mit aufgesetzten Profilleisten zusammengesetzt, werden oft ebenfalls dekorativ verziert, bleiben aber besser glatt, eintönig, als wirksam trennende Teilstreifen für die innere Feldermalerei.

Fig. 3—6. Ornamentfüllungen (gemalt) zu den Teilfeldern der Holzdecke Fig. 2.

Fig. 7. Zwickelfüllung; Ornamentmalerei, auch passend zum Rundbogen Fig. 4, Taf. 80.

Fig. 8. Kämpfergesimsleiste zu ebenda, in Stuck und Malerei, Fig. 4, Taf. 80.

Fig. 9. Querwandstück zu Fig. 1 in größerem Maßstabe.

Fig. 10. Holzdecke mit Malerei, ähnlich wie Fig. 2. Das Eckornamentstück hierzu Fig. 16.

Fig. 11. Holzbalkenmalerei zu Balkenuntersichten.

Fig. 12. Wandpfeilerornament zu Fig. 9 passend, nur größer.

Fig. 13. Kämpfergesims, Simaornament, auch statt Fig. 8, zu Fig. 4, Taf. 80 passend.

Tafel 81. Innendekoration. Wand- und Deckendekorationssysteme mit Einzelteilen.

Fig. 14. Deckenstück mit schräger Voute, mit Friesteilung und Malerei zu Fig. 6.

Fig. 15. Schmale Decke in einfacher Malerei als Holzimitation zu Kabinett (kleinem Wohnzimmer).

Fig. 16. Eckstück für die Deckenmalerei, zu Fig. 15 oder 10, wenn eine reiche Holzmalerei als Imitation gewünscht ist.

Fig. 17. Ornamentmalerei für Weinrestaurant oder Saal, für Rundbogenfeld; auch bei Fig. 1 hier passend.

Fig. 18. Friesmalerei für Kehle in Stuck.

Fig. 19. Eckstückmalerei zur Decke, Fig. 21 (nach Gh.).

Fig. 20. Muster in deutscher Renaissance als Balkenuntersicht. Holzmalerei.

Fig. 21. Reicherer moderner Salon-Plafond in Stuck-Profilteilung.

Fig. 22. Malerei für Wandfriesstück als oberen Wandabschluß eines Konzertsaales (nach Gh.).

Fig. 23. Malerei im Stile der Renaissance für die Untersicht der Balkenteilung zum Deckengesims, Fig. 14.

Tafel 82. Fig. 1. Reiche Vestibüldekoration mit Pilaster- und Säulenarchitektur für Wandteilung. (V.) Darüber sogenanntes Spiegelgewölbe mit geradem oberen Deckenabschluß; alle Flächen in reicher Bemalung.

Fig. 2. Dekoration des oberen Teiles zu Fig. 1 in Stuck und Malerei; bestehend in Gebälk mit Fries und Gliedern, und allen Gewölbeflächen, Lünetten und Kappenteilen.

Fig. 3. Archivolten-Agraffe als Schlußstück des Bogens zu Fig. 1.

Fig. 4. Monumentale Treppenhaushalle (Vestibül) mit Kamindekoration.

Fig. 5. Ornamentfeld der Gewölbedecke zu Fig. 4.

Fig. 6. Pilasterfüllung zu Fig. 1.

Fig. 7. Pilasterfüllungsornament zu Fig. 4.

Fig. 8. Monumentale Eingangshalle (Vestibül) mit getäfelter Wand, Holzdecke und Kamin in altdeutschem Charakter.

Fig. 9. Reiche Wanddekoration mit Spiegelnische zu Vestibül oder Halle (Saal), in Rokoko-Barockformen (nach K. B.).

Fig. 10 und 11. Ornamentale Dekorationsmotive zu Fig. 9.

Fig. 12. Treppengeländer in Schmiedeeisen, zu Fig. 4 passend.

Tafel 83. Drei verschiedenartige Innendekorationen, in englischer, modern altdeutscher und modern barocker Stilform.

Tafel 82. Innendekoration. Wand- und Deckendekorationen mit Einzelteilen.

Fig. 1. Diele (aus Werle „Das vornehme deutsche Haus“, Alex. Koch, Darmstadt).

Fig. 2. Innenraum des Café im Olgabau zu Stuttgart, von Lambert und Stahl. (D. B.)

Fig. 3. Halle (Diele) in der Bibliothek in Malden, Massachusetts. (Deutsche Bauhütte, Hannover.)

Tafel 84. Wanddekorationen: Renaissance (modern). Barock und Rokoko.

Fig. 1. Bibliothekzimmerwand in modern engl. Renaissance (aus Innendekoration von Alex. Koch, Darmstadt).

Fig. 2. Diele mit Kamin, altdeutsches Haus.

Fig. 3. Nischensitz in Salon, Barock (Spiegelwand), entworfen von Brochier (wie bei Fig. 1).

Fig. 4. Rokoko-Salon im früheren Palais des Prinzen Soubise, Stil Louis XIV. (wie bei Fig. 1).

Tafel 85. Dekoration des Haupttreppenhauses im neuen Rathause zu Leipzig. Architekt H. Licht. (Profanbau, Verlag J. J. Arnd, Leipzig.)

Tafel 86. Fig. 1. Dekoration des Stadtverordneten-Sitzungssaales im neuen Leipziger Rathaus, von Architekt H. Licht. (Arnd.)

Fig. 2. Modernes Wand-Paneelstück im Sinne der modernen Dekorationsweise (modern Barock), wie zu Fig. 1 passend. (Architekt Spickendorf, „Modelleur“ K. A. M.)

Zur Innendekoration gehören auch die Treppenausbildungen und hier sind es besonders die Treppenpodest- und Brüstungsgeländer mit ihren Teilen, welche für die Ornamentik in Betracht kommen. Das Material der Treppen und Treppengeländer für gewöhnlich nur Stein, Holz oder Eisen, und hiernach richtet sich die Ausbildung und Ornamentationsweise. Die Monumentaltreppe wendet hauptsächlich die steinerne Treppe an und deren Geländerausbildung geschieht zumeist in der Balustradenform, d. h. mit steinernen Eckpfosten und Handgriffumrahmung für die innere Füllung mit Dockenbalustern, deren Ornamentformen sich der Stilrichtung anpassen. Beispiele sind auf Taf. 45, Fig. 14—21 und Taf. 50, Fig. 6 gegeben. Andere ornamentale Füllungsmuster, z. B. durchbrochene Steinornamente zu Treppen- und Podestgeländern, zeigt besonders die deutsche Renaissance, indem sie diese Teile mehr als Brüstungsfüllungen ansieht, was besonders beim Privatbau angemessen erscheint. Beispiele dieser Ornamentation sind angeführt in Fig. 3, 5, 7, 8, 16, 17 und 21 auf Taf. 50.

Die Holztreppen sind den Docken-Steintreppen nachgebildet und zeigen, fast nur beim Privatbau angewendet, ausschließlich diese Form, nur mit dem Unterschiede, daß dem Holzmaterial angemessen die Ab-

1

2

3

Tafel 83. Innendekoration. Wand- und Deckendekorationssysteme.

Tafel 84. Innendekoration. Wanddekorationen, engl.-deutsche Renaissance, Barock und Rokoko.

Tafel 85. Innendekoration. Dekorationssystem.

1

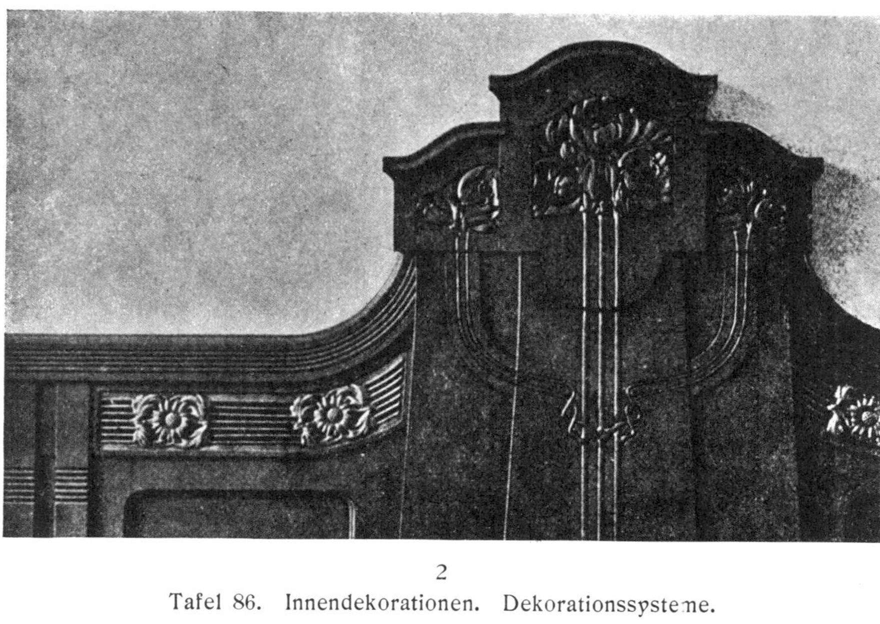

2

Tafel 86. Innendekorationen. Dekorationssysteme.

messungen und Formen der Eckpfosten und Holzdocken, welche man ihrer schlanken Gestalt wegen auch Traillen nennt, viel feinere sind, wie beim Stein, und auch deren Profilierungen und Gliederungen dementsprechend ausgebildet sind.

Die Eckpfosten (bei der Steintreppe Postamente), an denen die Handgriffe angebracht sind, nennt man hier Spindeln, weil sie meist von zylindrisch runder Gesamtform und Querschnitt sind. Auch enthalten mitunter die Seitenansichten der Treppenstufen bei der sogenannten „aufgesattelten“ Treppe (Fig. 1, Taf. 87) ornamentale Ausschmückung, welche der Besatz heißt.

Tafel 87. Fig. 1. Gesamtansicht einer besseren modernen Wohnhaustreppe von Holz, wobei *a* die Spindel, *b* Docken oder Traillen (Geländerstäbe), *c* Handgriff und *d* der Besatz ist, *e* Rosettenornament für den Kreis beim Besatz *d*.

Fig. 2. Weiteres Beispiel als Geländerstab, *b* mit Handgriff *c*.

Fig. 3, 4 und 5. Treppenpfosten oder Stützen zwischen zwei Podesten bei sich freitragender Treppe von Holz.

Fig. 6. Docken-(Zwerg-)Galerie von Holz mit Eckstücken als Aufsatz bei nicht genügend hohen Treppen oder Podest (Brüstungs-Geländern).

Fig. 7. Weiteres Beispiel für Docken-Stützen bei Zwerg-Galerien. (Verfasser.)

Die Treppen aus Eisen mit ihren Geländern bieten ein weites Feld für stilvolle Ornamentation und sind diese Motive der Brüstungsfüllungen besonders in der Renaissancezeit bis heute mit Vorliebe und auf die mannigfachste Weise für die Dekoration benutzt und hergestellt worden. Das Gußeisen, welches als Material in neuerer Zeit nur kurz auftrat, ist mit Recht wieder durch das bessere und für Ornamentierung einzig richtige und allein wirksame Schmiedeeisen verdrängt worden, weil letzteres durch seine biegsame Eigenschaft beim Schmieden die Formen sowohl des geometrischen Ornaments, wie des Pflanzenornaments am schönsten und reinsten wiedergiebt. Beispiele für schmiedeeiserne Geländer sind bereits gegeben in Fig. 20, Taf. 50 und Fig. 12, Taf. 82 und folgen weitere auf Taf. 114, Fig. 1—6 und 16, 18, 19 bis 27, sowie auf Taf. 115, Fig. 1, 2.

Endlich ist einem der wichtigsten Teile der Innen-Dekoration noch eine besondere Betrachtung zu widmen, nämlich den Holztüren der Innenräume mit ihren Umrahmungen.

Die innere Tür ist in ihrer Gesamterscheinung, sowie dekorativen Teilung und Umrahmung durchaus den Formen der Türen und Fenster der Außen-Architektur nachgebildet und hat ihren Ursprung in der

Tafel 87. Innendekoration. Treppenteile und Innentüren.

antiken Gestaltung der alten griechischen und römischen Tempel und sonstigen Bauwerke. Auch die Renaissance und Neuzeit hat im allgemeinen sich diesen Formen angeschlossen bis auf die besondere Ausbildungs- und Verzierungsweise, wie sie auch bei den anderen Stilepochen zu finden ist.

Hierbei ist einmal zu beachten, daß die Struktur des Holzes keine zu großen Flächen erlaubt, da diese bei zu großer Stärke des Holzes „reißen", andrerseits bei normaler geringerer Stärke sich krümmen oder „ziehen" würden. Demzufolge muß eine mehrfache Teilung der Holztür erfolgen, welche aus ineinandergeschobenen Rahmen und Füllungen besteht, deren Grenzlinien durch Profil-Glieder abgesetzt und dekoriert sind.

Größere Füllungsflächen sind nur da zulässig und angewendet, wo dieselben statt des Holzes in den Rahmen eingesetzte Glasscheiben erhalten, wie dies bei den Vorsaal- und Korridortüren unserer modernen Wohnhäuser der Fall ist, ebenso bei den Haustüren. Meist erhalten diese Glasfüllungen der Haustüren außer der einfachen Profilumrahmung noch besondere architektonische Ausbildung und Zierraten mit Verdachungen oder Bekrönungen, auch ist dies der Fall bei Oberlichttüren. Das Oberlicht kann aber auch die Stelle der oberen Holzfüllungen in der Türfläche selbst vertreten.

Da wir heute zweierlei Türgattungen, die der einflüglichen und zweiflüglichen oder Doppeltür im Gebrauch haben, als innere Türen wie nach außen, so richtet sich auch die Anzahl der Teilungen oder Füllungen hiernach und man unterscheidet Vierfüllungs- bis Zehnfüllungstüren, wobei die einflügliche Tür meist nur bis sechs Füllungen erhält. Im übrigen aber ist bei der reicher dekorativ ausgestatteten Tür keine Regel in diesem Sinne zu beachten, denn beide Türarten sind vielfach willkürlich stilistisch ornamentiert und geteilt und es genügt, wenn dabei die für das Holzmaterial passende Verbindungsart und solide Herstellungsweise angewendet ist. Für dekorative Schnitzereien und Ornamentbemalungen würde eine schematische Felderteilung der Tür zu hinderlich sein, um erstere immer ausführen zu können. Fig. 8—18, Taf. 87, sind die wichtigsten Formen für moderne Innentüren verschiedener Stilart vorgeführt.

Fig. 8. Moderne Flügeltür, geteilt, als Zehnfüllungstür und Sechsfüllungstür mit Umrahmung, Konsole, Fries und Verdachung in zwei verschiedenen Formen und Dekorierung. Die Maße (normal) sind eingeschrieben. Der anschließende, 60 cm hohe Holzsockel soll als Wandschutz dienen.

Fig. 9 und 10. Vorder- und Seitenansicht der Konsole mit

Fries- und Umrahmungsstück zur Türumrahmung der Zehnfüllungstür, Fig. 8.

Fig. 11. Hälfte einer reicheren modernen Haustür als Doppeltür mit oberen Lichtfensterfüllungen und Schlageleiste.

Fig. 12. Bogenförmige Haustür als Flügeltür mit Schlageleiste in Barockformen. Die obersten rundbogenförmigen Füllungen bilden das Oberlicht.

Fig. 13. Oberer Teil einer bogenförmigen Zimmer-Flügeltür in Rokokoform und mit geschnitzten oder gemalten Verzierungen.

Fig. 14. Einflügliche Zimmertür mit Oberlicht-Aufsatz in den Formen der deutschen Renaissance.

Fig. 15. Zweiflügliche Zimmertür mit Bekrönung, modern, Barock-Rokoko.

Fig. 16. Einfachere einflügliche Zimmertür mit Verdachung in den Formen der deutschen Renaissance.

Fig. 17. Türbekrönung, moderne Renaissance.

Fig. 18. Einflügliche gotische Tür.

Fig. 19. Einflügliche Tür mit Umrahmung nach den modernen Formen der Neuzeit.

Tafel 88. Oberes Türstück einer reich geschnittenen Eichentür im Königl. Schloß zu Berlin (A. Schlüter).

b) Muster für Einzelteile der Innen-Dekoration. Wandflächenmuster und Fußbodenmuster (Mosaiken, Parketts).

Zeigten die „Füllungen" der vorher angegebenen Einzelbauteile das zu diesen passende begrenzte Ornament, so ist die Ornamentation der Wandflächen und Fußbodenflächen, als Tapeten und Mosaiken, sowie Parkette, vorwiegend mit dem unbegrenzten oder endlosen Flachornament versehen, welches sich in steter Figurenwiederholung nach allen Seiten hin ausbreitet und demzufolge als sogenanntes „Muster" erscheint. Die Ornamentmotive sind hauptsächlich geometrischer Natur, aber auch das Pflanzenornament ist musterartig ausgebildet, so daß meist eine Vereinigung beider Arten stattfindet. Das Wand- oder Fußbodenmuster der Einzelfigur bildet durch die Verbreiterung nach allen Seiten hin ein Netz, dem die Dreiecks- oder Quadratnetzfigur (siehe Geometrische Motive, Taf. II—IV) zu Grunde liegt, wobei das Einzelornament eine zentrale Figur zeigt.

Bei nicht zentraler, sondern nur nach einer Richtung hin liegender Figur wird letztere in symmetrischen Wiederholungen und Umkehrungen angewendet, wodurch wiederum ein Muster hergestellt wird.

Bei Wandflächen-Ornamentierung kann jedoch auch das freie, aufrecht stehende Ornament (bildartig) angewendet werden, weil dabei der Beschauer immer in derselben Lage sich befindet. Wandflächen sowie Fußboden werden außerdem ebenso wie kleinere Füllungen zumeist mit einrahmenden Ornamentkanten oder Borten versehen, welche wie bei den Profil-Verzierungen immer ein reihenförmiges Einzelornament erhalten; auch breite Ornament-Friese bilden öfter den oberen Wandabschluß.

Wandmalerei und Tapeten-Muster.

Das älteste Vorbild für Wandverzierung bildete der schon bei den Ägyptern bekannte Teppichbehang, deren Wandmuster auf die netzförmige Linienführung zurückgehen, verbunden mit Blumen- und Pflanzenornament. Aus der Antike sind nur die pompejanischen Wandmalereien bekannt mit bildlichen und architektonischen Darstellungen, dagegen bevorzugt die altchristliche Kunst und das Mittelalter für Wanddekoration das netzförmige und mosaikähnliche Muster auf geometrischer Grundlage, ebenso die orientalischen Völker; jedoch zeigen persisch-türkische Wandmuster auch schöne Rankenfriese. Bei der Renaissance und bis in die Neuzeit, wo die Tapeten die eigentliche Wandmalerei verdrängt haben, kommen alle möglichen Kombinationen von Wandmustern vor.

Tafel 89. Wand- und Tapetenmuster. (Sgrafitten, Friese.)

Fig. 1. Keltischer Wandfries (allg.).

Fig. 2. Byzantinische Wandborte (allg.).

Fig. 3. Ägyptisches Wandflächenmuster.

Fig. 4. Griechischer, gestreckter Mäander als Wandborte (allg.).

Fig. 5. Assyrisches Bandornament als Wandbortenfries (allg.).

Fig. 6. Arabische Borte. (Gl.)

Fig. 7. Persische Teppichborte. 16. Jahrhundert. (Glazier.)

Fig. 8. Modern-romanisches Flächen-(Wand)Muster.

Fig. 9. Arabisches Wandmuster. (M. O.)

Fig. 10. Französisches Wand-(Tapeten)Muster aus dem 17. Jahrhundert.

Fig. 11. Wand-(Tapeten-)Muster, englische Renaissance. (Gl.)

Fig. 12. Wand- und Pilastermalerei der Loggien des Vatikans, Rom, Raffael. 15. Jahrhundert, Blütezeit italienischer Renaissance. (Gl.)

Fig. 13. Altrömischer Mosaikfußboden aus dem 2. Jahrhundert, auch als Wandmuster verwendet. Vatikan, Rom. (Gl.)

Fig. 14. Byzantinisches Flächenmuster mit Umrahmung aus S. Marco, Venedig. (Gl.)

Fig. 15. Maurisches Wandmuster aus der Alhambra (allg.).

Tafel 88. Innendekoration. Türen.

Tafel 89. Innendekoration. Wandmalerei-Ornamente, Tapetenmuster.

Fig. 16. Italienische Tapete des 14. Jahrhunderts. (Gl.)
Fig. 17. Sgrafittenfries, italienisch, als oberer Wandabschluß.
Fig. 18. Persisches Wandmuster aus dem 16. Jahrhundert. (Gl.)

Tafel 90. Fig. 1 und 2. Innen-Dekorationsstücke für Wand und innere Fensterleibung (oder Pilaster). Reichsgericht, Leipzig. (Rückwardt.) Fig. 3. Rahmenfüllung. Italien. Renaissance.

Tafel 91. Reich dekorierte Doppeltür mit Sopraporta im Kgl. Schloß zu Berlin. Barockstil. (A. Schlüter.)

Tafel 92. Oberes Türstück mit Bekrönungs-Ornament im Rokokostil vom Kgl. Schloß in Charlottenburg. (v. Knobelsdorf.)

Fußbodenmuster.

Zu den ornamentalen Fußbodenbelägen gehören unsere modernen Holz-Parkettmuster, Mosaikmuster und Fliesenmuster.

1. Parketts sind mosaikartig zu einem Muster zusammengestellte Holzstücke, welches fast stets die stern- und netzförmigen Figuren der geometrischen Grundlage zeigt. Ein so zusammengesetztes Muster stellt eine quadratische oder sechseckige Tafel vor, welche durch Nut und Feder verbunden, auf dem sogenannten Blendboden befestigt wird. Die Musterung von Fußböden soll hierbei stets den Eindruck einer Flachdekoration erzeugen und sollen alle plastisch erscheinenden Figuren als stilistisch unzulässig dabei vermieden werden, da der Fußboden als begehbar durchaus eben erscheinen muß. Auch der Fußboden erhält als Umschließung des Ganzen Borten oder Umrahmungen, welche dem Ornament-Charakter angepaßt sein müssen.

2. Mosaiken (im engeren Sinne der Fußbodenbekleidung) sind farbige Stein- oder Tonplatten, auch Glasplatten, welche ebenso wie beim Parkett als Einzelfiguren aneinander gereiht werden (Plattenmosaik), und gleichfalls meist geometrische Ornamentmotive zeigen.

Von diesem Plattenmosaik ist zu unterscheiden das ältere Würfelmosaik, bei welchem das Ornamentmuster in ganz kleinen würfelförmigen Steinchen hergestellt wird, wie dies schon bei den alten Römern der Fall war. Neuerdings werden diese bunten Mustersteinchen in eine Zementmasse eingelegt (eingewalzt), welche fein abgeschliffen wird und alsdann Terrazzo heißt.

3. Fliesenmuster bestehen ebenfalls aus einem Plattenbelag von Tonplatten, mit ca. 10—18 cm Seitenlänge, in welchen die Zeichnung des Ornaments vertieft eingegraben und mit andersfarbiger Tonmasse wieder ausgefüllt ist. Dabei wiederholt sich entweder das Muster mit jeder Platte, oder vier Platten ergänzen sich zu einem einzigen Muster, so daß eine Platte immer nur ein Viertel des Musters enthält. Die Be-

1

2

3

Tafel 90. Innendekoration. Wandflächenornamente.

Tafel 91. Innendekoration. Wandflächenornamente.

Tafel 92. Innendekoration.
Ornamentierung der Wandfläche.

kleidung der Fußboden und Wände mit Fliesen war schon im Altertum bekannt und wird bis heute angewendet. In Italien tritt statt der Fliese die Majolikaplatte auf.

Tafel 93. Fig. 1—10. Parkettmuster mit Borten (allg.).

Mosaiken: Fig. 11 und 12. Arabische Borten (allg.).

Fig. 13. Keltische Umrahmung (allg.).

Fig. 14. Renaissanceborte.

Fig. 15. Arabischer Mosaikfußboden. (Glazier.)

Fig. 16 und 17. Römische Mosaiken. (Gl.)

Fig. 18. Romanisch (allg.).

Fig. 19 und 20. Assyrisch und griechisch (allg.).

Fig. 21 und 22. Ägyptische Mosaikfußbodenmuster. (Gl.)

Fig. 23. Majolikafußboden vom Oratorium der hl. Katharina zu Siena. Italienische Renaissance. (M. O.)

Fig. 24—27. Romanische Motive zu Bortenmustern.

Fig. 28. Mosaik aus S. Lorenzo, Rom. (K. B.)

Fig. 29. Mosaikfußboden in farbigem Ornament auf Goldgrund in S. Marco, Venedig, byzantinisch. (Gl.)

Fig. 30—32. Einfache geometrische Mosaik-Muster (Fliesen).

Fig. 33. Römischer Mosaikfußboden (allg.).

Fig. 34. Romanisches Motiv als Fliesenplatte.

Fig. 35, 36, 40 und 41. Moderne Mosaik-Fliesenplatten in romanisch-gotischen Mustern (allg.).

Fig. 37 und 39. Ägyptische Mosaikmuster (allg.).

Fig. 38. Romanisch-byzantinisches Fliesenmuster, aus 4 Platten zusammengesetzt.

Decken (Plafonds).

Die Decke (der Plafond) der Innenräume oder auch freien Hallen, sowie der Gewölbe bei allen vorkommenden Baulichkeiten spielt sowohl hinsichtlich der Herstellung (Konstruktion) wie der Ausschmückung eine große Rolle in der Baukunst. Hinsichtlich der Gestaltung unterscheidet man zwei Arten von Decken:

1. die horizontale Decke,
2. die gewölbte oder bogenförmige Decke.

Die älteste Art der horizontalen Decke ist die Holzdecke, welche im Altertum sich frei als Holzbalkendecke zeigte und dem Material entsprechend dekoriert und bemalt wurde, eine Ausschmückungsweise, welche (imitiert) sich bis heute bei Speisezimmern und dergl. erhalten hat.

Die freie Holzbalkendecke hat den Vorteil, daß mit der Balkeneinteilung gleichzeitig eine dekorative Felderteilung geschaffen ist,

Tafel 93. Innendekoration. Parketts, Mosaiken, Fliesen.

welcher man bei der Ausschmückung durch Malerei und Schnitzwerk nur zu folgen braucht; auch läßt sich durch Querteilungen eine noch abwechselungsreichere geometrische Einteilung erzielen: die quadratische oder rechteckige Kassettendecke.

Die massive, d. h. als ebene Fläche verkleidete und durch Kalkputz für Stuckdekoration und Malerei hergerichtete grade Decke, muß erst durch geometrische Teilungsfiguren mit Stuckleisten-Profilen oder durch Malerei dekorativ in kleinere Felder geteilt werden, welche letztere dann mit Ornament- oder figürlicher Malerei geschmückt werden. Dies geschieht auch bei der massiven verputzten Gewölbedecke, wobei aber mehr an die kuppel- und flachbogigen Kappengewölbe der Renaissance und des Barocks gedacht ist, als an die spitzbogigen, durch konstruktive Rippen geteilten, mittelalterlichen Gewölbe, welche keiner Zwischenteilung mehr bedurften; ausgenommen sind die Sterngewölbe der späteren Zeit.

Die flache Decke zeigt meist die Figuren des Quadrats, Rechtecks und Polygons, daher deren innere dekorative Teilungen zurückgehen auf die geometrischen Teilungsformen, welche auf Taf. 5 bereits dargestellt sind.

Die Gewölbedecke jedoch zeigt meist Felder, welche besonders durch Malerei ausgeschmückt sind. Bei nicht zu großen und einfacher gehaltenen Decken ist vielfach eine besondere dekorative Teilung nicht mehr beliebt, sondern es genügt eine umrahmende Kehle (Voute), welche als Trennungsband zwischen Decke und Wand durch Stuckleisten oder Malerei hergestellt und als Friesornament ausgemalt ist. Außerdem genügen gemalte Eckstücke und als Mittelstück der Decke eine Rosette. Von der Vielgestaltigkeit der Deckendekoration und deren Bemalung geben die Darstellungen der Taf. 93—96 in knappem Rahmen ein ungefähres Bild, und ist über die Anwendung und Stellung der Ornamente und figürlichen Darstellungen in den Feldern nur dasselbe zu erwähnen, was schon bei Abteilung II über die Ausschmückung der Architekturteile und Gliederungen eines Bauwerks gesagt worden ist,

„daß nämlich jede Fläche diejenige Flachornamentierung erhalten muß, welche seiner Struktur entspricht, und daß die Gesamtornamentation einer Deckenfläche nicht nach einer, sondern nach allen Seiten hin auseinandergehend erscheinen muß. Ist der Innenraum nach außen hin abgeschlossen, so muß die zentrale Ornamentierung nach außen zu gerichtet sein, während bei offenen Hallen dieselbe nach innen zu richten ist.“

Dasselbe gilt von den umrahmenden Friesen und Bändern, welche zur Hebung der Dekoration viel beitragen.

Tafel 94. Fig. 1. Deckenfries-Ornament aus der Bibliothek des Vatikans zu Rom. 15. Jahrhundert.

Fig. 2. Gewölbe-Stuck-Dekoration eines Grabmals an der Via Latina, italienische Renaissance. (Gl.)

Fig. 3. Gewölbe-Stuck-Dekoration des Treppenhauses im Konservatorenpalast zu Rom. (G. H.)

Fig. 4. Friesornament.

Fig. 5. Pompejanische gemalte Friesleiste.

Fig. 6. Ornamentales Deckeneckstück, italienische Renaissance.

Fig. 7 und 8. Gemalte Friesornamente (auch für Holzdecken), italienische Renaissance.

Fig. 9—14. Verschiedene Deckenrosetten, plastisch und gemalt, Renaissance und mittelalterlich.

Fig. 15. Decke eines Grabmals an der Via Latina (wie Fig. 2).

Fig. 16. Plastischer Stuck-Deckenrosettenrand, modern, Renaissance.

Fig. 17 und 19. Deckenrosetten von Brunellesco.

Fig. 18. Moderne Deckenrosette in Stuck.

Fig. 20. Moderne Holzdeckenteilung.

Fig. 21. Speisesaaldecke in Stuckausführung, in englischer Renaissance. George und Peto.

Fig. 22. Moderne gemalte Decke mit Rosette, Eckstück und Zierleisten.

Tafel 95. Fig. 1. Moderne Holzdeckenteilung.

Fig. 2. Kassettendecke in Achteckteilung.

Fig. 3. Moderne Teilung für einfache gemalte Plafonds, mit Voute, Eckstücken und Mittelrosette.

Fig. 4. Holzkassettendecke, modern.

Fig. 5 und 11. Kassettendecken mit innerer Ornamentmalerei, (nach Serlio, italienische Hochrenaissance).

Fig. 6. Gemalte Kappe, modern.

Fig. 7. Schmale einfach gemalte Decke, mit Mittelrosette.

Fig. 8. Ornament für Holzbalkenuntersicht (Mittelteil), geschnitzt oder gemalt.

Fig. 9. Kassettendecke für Holz und Malerei.

Fig. 10. Decke für Holz und Malerei.

Fig. 12. Gemalter Deckenfries, modern.

Fig. 13. Geschnitztes oder gemaltes Ornament für Holzbalken, deutsche Renaissance.

Fig. 14. Gemalte Leiste.

Tafel 94. Innendekoration. Deckenteilungen und Einzelheiten.

Tafel 95. Innendekoration. Deckenteilungen und Einzelheiten.

Fig. 15. Ecke für reichere Decke in Stuck und Malerei, modern, barock.

Fig. 16. Holzzapfen für Holzdecke.

Fig. 17. Englische Stuckdecke.

Tafel 96. Fig. 1. Moderne, reich gemalte Voutendecke, mit Eckstücken und Mittelrosette. (G. H.)

Fig. 2. Reiche Voute, in Stuck und Malerei, modern. (M. O.)

Fig. 3. Gemalter Fries.

Fig. 4. Mittelstück zu Fig. 1.

Fig. 5. Deckenrosette.

Fig. 6. Gemalter Fries, modern, Renaissance.

Fig. 7. Malerei zur Decke von Fig. 2, Taf. 58.

Fig. 8. Reich gemalte Mittelrosette.

Fig. 9. Hälfte eines gemalten Mittelstückes, Renaissance, modern.

Fig. 10. Reich gemalte Stuckdecke einer Villa bei Paris. (G. H.)

Fig. 11. Eckstück einer Decke in gotisierendem Stile, zu Fig. 10, Taf. 81 passend. Diese Ornamentation (als Helm- und Wappendecke) gehört dem Übergange aus der Gotik zur deutschen Renaissance an.

Fig. 12. Stuckrosette.

Fig. 13. Deckendekoration im modernen Rokoko (französisch).

Fig. 14 und 15. Friesornamente für Holzmalerei, modern.

Fig. 16. Holzdekoration vom Hause Franz I. zu Paris. (Gl.)

Fig. 17. (Rokoko-)Barock-Ornament für Deckenfries, Paris. Ende des 17. Jahrhunderts. (M. O.)

Fig. 18. Einfache moderne gemalte Decke.

Fig. 19. Deckenornament wie Fig. 17.

Fig. 20 und 21. Deckenzierstücke.

Fig. 22. Deckeneckstück mit Leiste.

Tafel 97. Decken- und Wandteil aus dem Kgl. Schloß zu Berlin (A. Schlüter).

Tafel 98. Deckenfeld vom Hauptsaale des Reichsgerichts zu Leipzig (Rückwardt, Architekturschatz).

Tafel 99 und 100. Einzelteile und Ornamente von modernen Decken. („Modelleur“, Jahrgang VI.)

Tafel 101. Auf dieser Tafel sind Flachornamentbänder und Friesornamente, sowie Deckenteilungen in Malerei dargestellt, welche modernsten Ausführungen entnommen sind, über deren Geschmack oder Geschmacklosigkeit sich streiten läßt.

Tafel 96. Innendekoration. Deckenteile und Einzelornamente.

Tafel 97. Innendekoration. Decken und Wandteile.

Tafel 98. Innendekoration. Deckenverzierung.

Tafel 99. Innendekoration. Gewölbeverzierung.

2

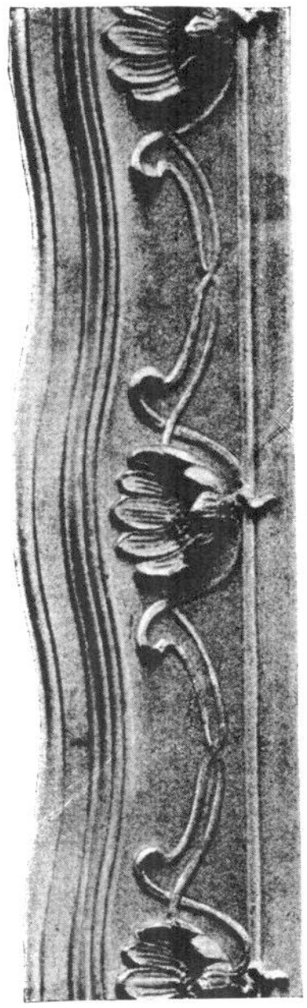

3

4

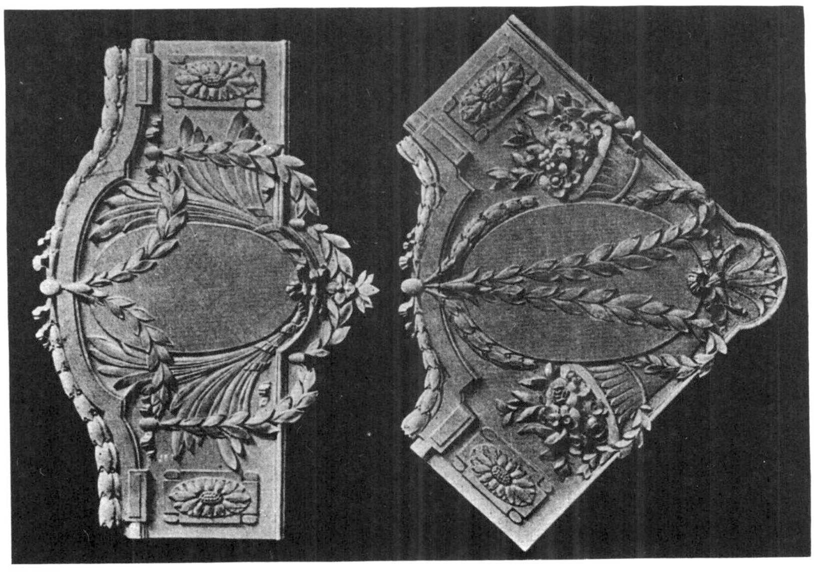

1

Tafel 100. Innendekoration. Deckenornamente, modern.

Tafel 101. Innendekoration. Deckenteilungen und Einzelornamente.

Fig. 1—3 können als Wellenlinien, Mäander- und Rosettenbänder figurieren, z. B. als Deckenfelder-Umrahmungen und Zierleisten, ebenso

Fig. 4—7, welche allenfalls den Charakter von Flechtbändern tragen.

Fig. 8—10 sind Ornamentbänder mit freier Endigung und

Fig. 11—13 Friesfüllungs-Ornamente.

Fig. 14—16. Deckenteilungen, gemalt, im modernsten Geschmack.

III. Abteilung.

Entwerfen des Ornaments. Ornamente für Glas, Holz und Eisen. Moderne Ornamente.

A. Entwerfen des Ornaments im gegebenen Raume und für bestimmten Zweck, im erforderlichen Größenverhältnis und nach Maßgabe des Materials.

Nachdem auf den Tafeln 18—101 der zweiten Abteilung die Anwendung des Ornaments und richtige Wahl desselben für die verschiedenen Architekturteile erörtert worden, soll auf den folgenden Tafeln 102—110 noch besonders die Behandlung, Stellung und Lage (axiale Richtung) eines Ornaments und der Komposition, d. h. des Ornamententwurfes im gegebenen Raume, vorgeführt werden und zwar für die verschiedenen geometrischen Elementarfiguren des Dreiecks, Quadrats, Rechtecks, Polygons und Kreises etc., sowie für stützende, deckende und einschließende (begrenzende) Architekturstücke.

Hierbei ist vor allem der Maßstab, das Größenverhältnis des Ornaments zum Raume, für dessen Einzelerscheinung sowie für die Gesamtwirkung der gewählten Architektur und deren Schönheitsverhältnisse ein wichtiger Faktor. In dieser Hinsicht begangene Fehler offenbaren sich sofort, selbst dem Laien. Fehler des Maßstabes und der Proportion, sowie der richtigen Kontrastwirkung zerstören die Hauptsache des Zweckes aller Ornamentierung: die Harmonie und Schönheit der Verhältnisse. Harmonische Schönheit aber ist für die Architekturteile und deren Ornamentierung dasselbe, was der Wohlklang in der Musik, und es haben sich durch alle Stilepochen hindurch bestimmte Gesetze herausgebildet, die unerläßlich sind auch für unsere und alle künftigen Zeiten; mit einer bloßen Pflanzenverziererei ohne Geist und Verständnis, ohne Stilistik und Maßstab wird nie etwas Schönes geschaffen werden, man müßte es denn im „Sensationellen", „genial" sich gebärdenden Übertriebenen suchen, wie man bei den heute beliebten aufdringlichen Auswüchsen beobachten kann.

Beim Ornamententwerfen (Komponieren) sind folgende Hauptregeln zu beachten:

1. Das Ornament darf im gegebenen Raume in Bezug auf An-

ordnung seiner Einzelteile weder zu große Leere noch Überfülle zeigen, sondern muß es vielmehr, wenn auch unter dem architektonischen Kunstgesetze stehend, dennoch natürlich erscheinen und also z. B., wenn es sich um ein Pflanzenornament handelt, die natürliche Pflanzenform erkennen lassen. Das beste Beispiel hierfür bietet die gesamte Ornamentik der Antike und italienischen Renaissance.

2. Die Hauptumrißlinie einer Komposition muß klar in die Erscheinung treten, ohne durch kleinliche Überfüllung oder falsche Überschneidungen und Teilungen der Einzelteile gestört zu sein, so daß eine harmonische Gesamtwirkung der Ornamentation sich ergiebt. Dies gilt besonders vom plastischen Ornament, dessen Eindruck durch Licht- und Schattenwirkung noch erhöht wird.

3. Das Material, in welchem eine Ornament-Komposition auszuführen ist, verlangt besondere Beachtung, indem es nicht gleichgültig ist, ob ein Ornament in Stein, in Holz oder in Metall zur Ausführung gelangt, auch hängt die Größenabmessung der Einzelteile und deren kräftigere oder flachere Modellierung vom Standpunkte des Beschauers ab, denn eine große Entfernung verlangt größere und tiefere Schattenwirkung, als eine kleine.

4. Bei Kompositionen von Pflanzen- und figürlichem Ornament müssen beide im richtigen Verhältnis zueinander stehen und zwar so, daß das letztere überwiegend hervortritt aus dem mit ihm verbundenen Ranken- und Blattwerk und deutlich als Leitmotiv erkennbar ist. Köpfe und Leiber dürfen also nicht kleiner erscheinen, als das Pflanzenwerk, denn hierdurch würde der Gesamteindruck des Entwurfes verloren gehen. Das klassische Ornament kann auch hier als Vorbild dienen.

Das stilisierte Ornament muß und wird dabei vorherrschend bleiben, weil dasselbe am besten dem Schönheitsgefühle und den Regeln der Symmetrie und Proportionalität entspricht. Der künstlerischen Phantasie für schöne und charakteristische Formenbildung ist dabei noch Spielraum genug gelassen. Bei der architektonischen Ornamentierung ist außerdem neben Schönheitsgefühl und Geschmack auch der leitende Gedanke von Einfluß und Bedeutung. Auch ist die richtige Stellung des Ornaments hier am meisten zu berücksichtigen, womit Größenmaßstab und Form, sowie symbolische Bedeutung für profane oder kirchliche Zwecke in unmittelbarem Zusammenhange stehen.

Die nachfolgenden Systemtafeln (I-V) folgen im übrigen den allgemeinen Grundideen, wie dieselben auch in dem bekannten Handbuch der Architektur unter „Ornamentik“ niedergelegt sind.

Nach dem Gesagten soll das ornamentale Entwerfen (Komponieren) sich aufbauen auf Kontrasten und deren harmonischer Verbindung, also auf Gegensätzen, wie z. B. groß und klein (Abwechslung breiter und schmaler Flächen, gröberer und feinerer Körperteile, starker und dünner Ranken etc.), eckig und rund, steigend, fallend und liegend, bewegt und straff, hell und dunkel (in der Wirkung). Also in Bezug auf Größe, Form, Struktur, Richtung und Bewegung, bei Anpassung an Zweck und Material. Das aufzubauende Kompositionsverhältnis soll sich bewegen im sogenannten „Goldenen Schnitt“: $a : b = b : (a + b)$ oder beide aufeinanderfolgende Verhältnisse müssen sich wie $3 : 5$ oder $5 : 8$ verhalten.

Tafel 102, Fig. 1—4. Wichtig ist das Zusammenfassen kleiner Formen zum Ganzen und in den gegebenen Rahmen, wie z. B. bei Giebelfeldern, Taf. 102, Fig. 5, Metopen, Friesen etc., wobei sich oft ein Doppelmaßstab nötig macht für Einzelformen und Gesamtform (umschließender Rahmen). (Fig. 5, Katholische Schule, Meran, aus Handbuch d. Arch.). Ebenso sind die Ornamentformen sorgfältig für Nah- und Fernwirkung zu wählen, wie z. B. Fig. 6, Taf. 102 (allg.) beim korinthischen Kapitäl das Blattwerk, sich der Gesamtform anschließend, doch noch für die Fernwirkung gut erkennbar ist, desgleichen das geometrische Flächenmuster Fig. 7, Taf. 102, Grab des Midas.

Schon bei den Ägyptern ist obiges Prinzip erkennbar, Fig. 8, Taf. 98 (Handbuch d. Arch.), ebenso im Renaissance-Ornament in der Plastik, Fig. 9, und beim Flach-Ornament, Fig. 10, Taf. 102 (Gh.). Als schlechtes Gegenbeispiel der modernen Ornamentik kann Fig. 11, Taf. 102 gelten, welche als Fensterumrahmung ein naturalistisches Blattornament in fast doppelt zu großem Maßstabe zeigt. Ein schönes Beispiel von Rhythmik und Proportionalität aus der Pflanzenwelt bietet Fig. 12, Taf. 102 (die Distelstaude), aus dem sich Fig. 13, Taf. 102 (Handbuch d. Arch.) die Giebelkreuzblume der Gotik, sowie alle Fialen etc. entwickeln.

Als Durchschnittsmaß kann bei Bauwerken die Brüstungshöhe angesehen werden (0,70—1,0 m), angepaßt der menschlichen Figurengröße von 1,50—1,80 m. Ferner sind um so mehr Einzelteilungen (durch Gesimse, Brüstungen etc.) in der Höhe eines Bauwerks als Vermittlungen (Etagenhöhen) einzuschalten, je höher dasselbe ist, um die Gesamthöhe beurteilen zu können. Nach oben zu wird eine reichere Gliederung, auch durch senkrechte Teilungen, wie Pilasterstellungen, Arkaden etc. anzuordnen sein. Ebenso soll sich der Maßstab des Ornaments nach oben verfeinern im engen Anschluß an die Architektur-

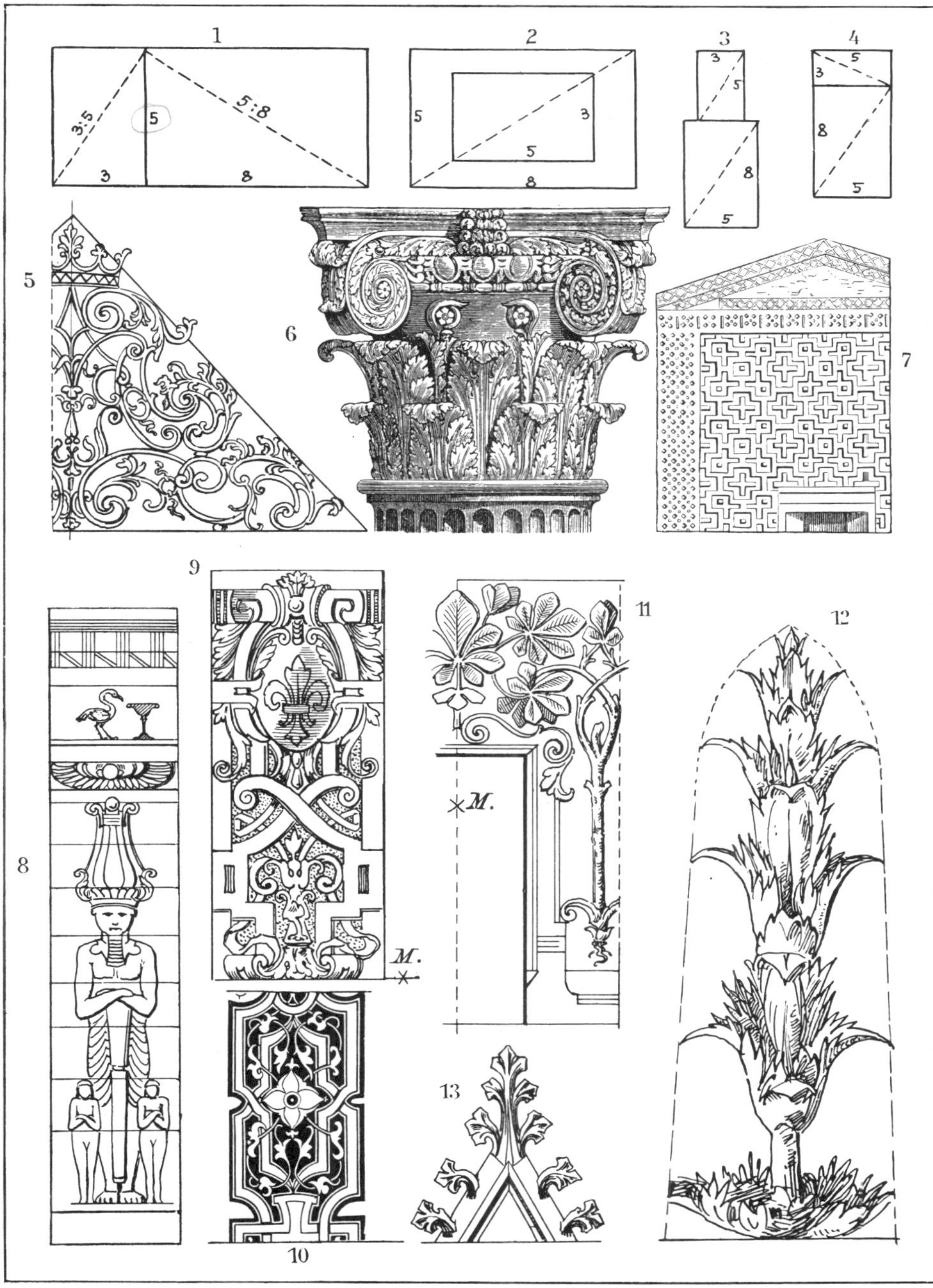

Tafel 102. Ornamententwerfen. Systemtafel I: allgem. Regeln nach Proportion, Kontrast etc.

Gliederung, die von den gröberen unteren Schichten ausgehend sich gleichfalls nach oben zu verringert.

Tafel 103. Fig. 1, 2 zeigen Beispiele hierfür (K. B.).

Für die Wechselwirkung in der Ornamentation mit krummen und geraden Linien, sowie die harmonische Abwechslung von breiten und schmalen Einzelteilen sind Beispiele angeführt auf Taf. 103, Fig. 2, 3, 4 und 5.

Für den Kontrast der führenden Linien und Formen nach verschiedenen Richtungen hin auf Taf. 103, Fig. 6, 7 und 8. Hierbei ist in Fig. 6 die Gegenrichtung nach unten und oben in wellenförmiger Linie ausgedrückt, an die sich das Blattornament anschließt, bei Fig. 7 durch die auseinander- und wieder zusammenlaufenden Rundlinien zum Ganzen, und bei Fig. 8 im senkrecht aufsteigenden und hängenden Rankenornament.

Auch der Kontrast der Licht- und Schattenwirkung in der Plastik, also bei der Baumassen-Gruppierung und dem Bauornament, ist sehr zu beachten, wobei die Wechselwirkung von geraden und krummen Linien, Flächen und Körpern eine bedeutende Rolle spielt und z. B. im sogenannten „Jesuitenstil“ (Barock), auch bei der Gotik, durch die Strebepfeiler- und Bogenanhäufung mit Raffinement ausgebildet ist. Fig. 1 und 25, Taf. 103 geben Beispiele.

In Liniendarstellungen geben auf Systemtafel II die nachfolgenden Figuren Beispiele hierzu:

nach wagerechter Richtung in Fig. 9 die parallel gleichlaufend starken und schwachen Linien, gerade und krumm, sowie ebenso die an- und abschwellenden Linien,

nach senkrechter Richtung ebenso Fig. 10. In Fig. 11—13 (Taf. 103) sind die Anwendungen für Flachornament aus diesen Linien bei a und b. Die Figuren 14—22 (Taf. 103) zeigen als gerade und Wellenlinien die Anwendung für Gesims, Kette, Gehänge, Bogenornament etc., während die gerade Wellenlinie als Mäander Fig. 21 und Zickzacklinie Fig. 22 erscheint. In senkrechter Funktion (Richtung nach oben und unten) als aufstrebende und hängende Form zeigen sich die Gruppen Fig. 23 und 24, die letzte Figur davon als Flechtband in Linien, sowie Fig. 25, Turm von St. Ivo, Rom. (K. B.)

Das Relief (die plastische Form) des körperlichen Ornaments in Bezug auf Licht- und Schattenwirkung.

Für das plastische Bau-Ornament, welches sich durchaus dem Charakter der betreffenden Architektur anzupassen hat und demnach flacher oder erhabener anzuwenden ist, gelten dieselben Gesetze wie beim Flachornament in der glatten Ebene. Die schönsten Beispiele

Tafel 103. Ornamententwerfen. Systemtafel II: allgem. Regeln der Kontraste, Wechselwirkung etc.

des „Reliefs“ bieten die Pilaster- und Brüstungs-Füllungen der Architektur der italienischen Renaissance und des Barocks, wie sie in Fig. 8 auf Taf. 74, Fig. 9 und 15 auf Taf. 75 der Abteilung II des Werkes gegeben sind. Für die Anwendung des plastischen Ornaments in der Architektur könnten die Fig. 3, 6 und 5, Taf. 104 gelten, während in Fig. 4 mehr die Unterbrechung von Friesen und die rhythmische Betonung gewisser Stellen über Pilastern, Säulen, Lisenen zur Anwendung kommt. Fig. 1 und 2, welche als freistehende Stücke der Voll-Plastik gelten, zeigen gleichzeitig die richtige Behandlung des Rundkörpers in Verbindung mit dem eckiggeradlinigen. Jede Übertreibung hierin führt zu voluminösen, unschönen Massen.

Die Profilfiguren, Fig. 7—18, geben als erste Gruppe auf Systemtafel III die verschiedenen Relief-Darstellungen und gleichzeitig eine Lehre für die praktische Anwendung:

Fig. 7. Zeichnungsebene für Flachornament.

Fig. 8—10. Das Profil des Flach- und Hoch-Reliefs.

Fig. 11. Die falsche Anwendung des Flachreliefs und Rundkörpers.

Fig. 12. Die richtige Anwendung des Flachreliefs und Rundkörpers.

Fig. 13. Die Halbsäule mit schlechter Wirkung.

Fig. 14. Die Dreiviertelsäule mit guter Wirkung in richtiger Anwendung.

Fig. 15. Die stark hervortretende Vollplastik.

Fig. 16. Die freie Voll-Plastik.

Fig. 17. Das richtige Rundrelief.

Fig. 18. Das falsche Rundrelief.

Als zweite Gruppe zu Systemtafel III können gelten die Fig. 19—23, **Taf. 104,** welche die verschiedenartige Herstellung des Reliefornaments zeigen; Fig. 19 als versenktes Relief (altägyptisch), Fig. 20 als vertiefte Umrißlinie in der Ebene, Fig. 21 in versenktem Gedecke, Fig. 22 aufgetragen oder abgemeißelt und endlich Fig. 23 als Kombinierung der beiden letztern.

5. Die Reihung, d. h. Wiederholung und Verstärkung einer und derselben Form, (Parallel-Linie, Gliederung und deren rhythmische Unterbrechungen) durch passende Ornamentation, wie z. B. bei den Tempel-Hauptgesimsen und den Gliederungen der griechischen und römischen Bauwerke, durch Konsolteilungen oder durch Friesornamentation mittels Triglyphen und Metopen oder sonstigen rhythmischen, ornamentalen oder figürlichen Schmuckes zeigt Systemtafel IV, **Taf. 105.**

Fig. 1 und 2 ist die wagrechte und senkrechte Reihung und Wiederholung in ganz gleichen Abständen, wobei aber Fig. 2 nur breiter erscheint als die senkrechte Reihung Fig. 1, was auf bekannter

Tafel 104. Ornamententwerfen. Systemtafel III: Regeln der Plastik.

Tafel 105. Ornamententwerfen. Systemtafel IV: Reihungen und Proportionen.

optischer Täuschung beruht. Fig. 4—6 zeigen die ornamentale Unterbrechung durch Konsolen, Metopen etc. bei griechischen Hauptgesimsen, Fig. 7 dieselbe bei der romanischen Portalgliederung und Fig. 8—10 die rhythmische Reihung des Einzelornaments. Der verstärkende Eindruck der senkrechten Richtung wird in Fig. 11 der Säulenstellung um die Cella dargestellt (den Grundriß dazu gibt Fig. 15), ferner bei der Kannelierung der Einzelsäule in Fig. 12 und bei den Triglyphen in Fig. 14, während Fig. 13 dies durch Vereinigung der Blattknollen dartut.

6. Die Proportionsverhältnisse, Höhenteilung und Gliederung ornamentaler Gegenstände, zeigen Fig. 16—25, Taf. 105. Bei diesen Höhenteilungen ist immer eine sogenannte „Dominante“ für die Harmonie des Ganzen unerläßlich, d. h. der eine Teil des Gegenstandes muß als ruhiger Hauptteil der überwiegend größere sein, an den sich oben und unten die untergeordneten kleineren in harmonischem Gleichgewicht schmückend oder gliedernd anschließen. Bei Gleichteilungen darf dies nur als Wiederholung oder Spiegelbild einer und derselben Form geschehen. Die Fig. 16, 17 und 19 (doppelt) 21, 22, 24 und 25 geben diese richtigen Proportionsverhältnisse, während Fig. 18, 20 und 23 die falschen Gegenbeispiele darstellen. Fig. 26 und 27 der Taf. 105 geben endlich noch Beispiele für senkrechte und wagrechte Reihung an.

7. Eurhythmik, Rhythmus, Symmetrie sind unerläßliche Hauptbedingungen für das Entwerfen von Architekturen und deren Ornamenten, welche selbst im natürlichen Pflanzenwuchs, ja bei der Bildung von Schneeflocken, Fig. 25 und 27, Taf. 1, als Sternbildungen, sich vorfinden. Die menschliche Figur selbst ist eine symmetrisch aufgebaute, mit beiderseitiger Gleichteilung der Glieder an der Mittelachse. Unter Eurhythmik im engeren Sinne ist die gleichmäßig strahlenförmige Formgebung und Teilung um ein Zentrum zu verstehen, während Rhythmik die gleichmäßige (ornamentale) Unterbrechung mit gleichen Formteilen in bestimmten Zwischenräumen bei fortlaufenden Parallelformen ist, wie solche bei Fig. 3, 6 und 14, Taf. 105 gezeigt wurde. Fig. 1—9 und 12—14, **Taf. 106** zeigen symmetrisch-eurhythmische Formen in leicht verständlicher Darstellung und Anwendung aus geometrischer, Pflanzen- und tierischer Formgebung, während Fig. 11—16 symmetrisch-rhythmische Ornamente, auch nach zwei verschiedenen Richtungen hin (Fig. 15) zeigen. Fig. 17 und 18 dagegen zeigen unsymmetrische Ornamentanordnung, bei welcher aber trotz der unregelmäßig verteilten Einzelform ein harmonisches Ganze sich ergiebt.

Die im Vorhergehenden aufgestellten sieben Begriffe und Regeln,

Tafel 106. Ornamententwerfen. Systemtafel V: Rhythmik, Eurhythmik, symmetrische und unsymmetrische Anordnungen.

welche als die ästhetischen Grundlagen für alles Zeichnen und Entwerfen, besonders von Ornamentformen in der Architektur, zu betrachten sind, können allein ein harmonisches und für das Auge schönes Ganzes bewirken, während das Außerachtlassen dieser Regeln nie zum gewünschten Ziele führen kann, wie die heute beliebte „moderne" Art und Weise dies zeigt. Trotzdem hat letztere eine anzuerkennende gute Seite, nämlich die des Strebens nach Vereinfachung der Formen, nur leider meist in falscher Anwendung. In der Tat muß beim Gesamtentwurf eines Bauwerkes und deren Ornamentierung eine Überhäufung letzterer durchaus vermieden werden. Zu diesem Zwecke ist erste Bedingung das vorherige Entwerfen der Konstruktion und der Gliederungen in den richtigen Proportionen, sowie die Abwägung von Flächen und Körpern und deren Ornamentation in richtiger Wechselwirkung zueinander. Auch hier kann die alte klassische Bauweise als mustergültig zum Vorbild dienen.

Taf. 118 mit Fig. 1—3 gibt Beispiele für ein gutes Ornamentationssystem.

Endlich ist die praktische Ausführbarkeit des für einen bestimmten Zweck gezeichneten Ornaments in Bezug auf das hierfür zu verwendende Material zu berücksichtigen. Am besten ist dies zu bewirken durch praktische Proben und Modelle in der Werkstatt und an Ort und Stelle. Für die heutige Materialverwendung kommen beim Bau und bei der Innen-Dekoration in Betracht Stein, Stuck (Putz mit moderner Antragarbeit), Holz, Eisen, Glas, Terrakotta und Zementguß. Die Beherrschung dieser verschiedenen Material-Techniken ist dem Künstler durchaus nötig, da heute zu der Handarbeit auch noch die maschinelle Ausführung hinzugetreten ist. Die Wirkung beider Arten ist im fertigen Produkt leicht erkennbar und ist natürlich Handarbeit, wenn angänglich, der maschinellen Ausführung für künstlerische Objekte immer vorzuziehen. Auch ist den Unterschieden in der Wirkung Rechnung zu tragen, besonders beim Schmiedeeisen einerseits, beim Guß- und Walzeisen andrerseits. Letztere beiden Eisenarten werden hauptsächlich nur bei Massenproduktion verwandt oder z. B. bei Brückenstützen etc., welche dann durch besondere schmiedeeiserne Verzierungen noch verschönt werden. Im allgemeinen ist bei maschinellen Guß- oder Preßstücken möglichste Einfachheit und Beschränkung in der Anwendung von Ornamentformen, wie z. B. von Balustern, Terrakotten etc. geboten oder es werden größere Flächen durch kleine gepreßte, gestanzte etc. Ornamentstücke belebt, die dann der Billigkeit halber in größeren Massen zur Anwendung kommen. Die Stärke (das Volumen) der Ornamentstücke ist hierbei vom Material abhängig, so ist

z. B. für Schmiedeeisen, Fig. 20, oft eine Feinheit geboten, welche bei Gußeisen, Fig. 19, nicht möglich wäre, noch weniger bei Holz, Fig. 21, und am allerwenigsten bei Steinstücken, wie Fig. 22, Taf. 106 zeigt.

Auch der anzuwendende Maßstab ist vielfach vom Material abhängig; es ist z. B. ein Unterschied zwischen Holzschnitzerei und Intarsia, zwischen Marmor oder Fichtelgebirgssandstein und Granit. Ferner läßt sich auch durch verschiedenartige Strukturbearbeitung des Steinmaterials (Rauh- und Glattbearbeitung) eine verschiedenartige Wirkung erzielen, wie Fig. 24, Taf. 106 zeigt. Putz- und Stuckornamente eines Bauwerkes, außen wie innen, sind vom Maßstab, der Nah- und Fernwirkung und Modellierung an Ort und Stelle abhängig. Innenräume z. B. vertragen je nach Raumhöhe und Licht vielfach ein starkes Relief der Decken, gleichviel ob in Stuck oder Holz ausgeführt, wie die Balken- und Kassettendecken beweisen; niedere Innenräume wird man dagegen mit flachen Decken und Malerei versehen.

Eine besondere Ornamentation verlangen Fußböden, welche im Gegensatz zu Decken und Wänden relieflos, also durchaus als flache Ebene zu behandeln sind. Daher ist jedes Flachornament, welches den Eindruck plastischer Formen hervorrufen könnte, wie dies z. B. Fig. 23, Taf. 106 der Fall wäre, zu vermeiden.

Zum Schluß sei hingewiesen auf die verschiedenartige Bestimmung des Ornaments, je nachdem dieses den Charakter des Trennens oder Verbindens von Flächen, Gliederungen, Baumassen tragen soll. Füllungen und Umrahmungen, Friese etc. verbinden oder trennen, wie z. B. der Triglyphenfries das Hauptgesims vom Architrav; denselben Zweck erfüllen Brüstungen, Gesimse, Flechtbänder. Besondere Vermittlungsornamente bilden hierbei einen Mittelpunkt, an den sich der übrige Ornamentschmuck oder die Gliederung anschließt, wie z. B. alle Schlußsteine von Bogen, gleichviel welcher Form erstere angehören. Vielfach sind menschliche und tierische Köpfe (Löwe, Tiger etc.) beliebt, wobei die Haare und Mähnen als anschließendes Ornament benutzt und ausgebildet sind, selbst in Akanthusblattform, oder verziert mit Bändern, Schnüren etc.

Die schematische Wiederholung gleicher Vermittlungsstücke ist bei einer und derselben Dekorationsfläche tunlichst zu vermeiden, weil eine Abwechslung von figürlichem, geometrischem und Pflanzen-Ornament hier harmonischer wirkt. Es gilt hier also dasselbe wie bei der Architekturgliederung von Portalen und Fensterformen. Füllungsornamente bilden ebenfalls gute Vermittlungen, gleichviel ob als freiauslaufendes Ornament oder in gebundenem Rahmen in die leere Fläche gesetzt;

zur letzteren Art gehören auch die Bogenzwickelfüllungen. Ebenso bilden alle Umrahmungen verschiedenster Form geeignete Vermittlungs-Ornamente.

Tafel 107. Fig. 1—8 sind die Darstellungen der Portalarchitektur von Fig. 11, Taf. 63, in großem Maßstabe nebst zugehöriger stilistischer Ornamentation.

In Betreff der Giebelverdachung mit dreiecksförmigem Raum für Ornamentierung zeigt zunächst Fig. 3, daß die streng symmetrisch axiale Teilung vom Mittelpunkt des Dreiecks aus (oder nach diesem hin von den Winkeln aus durch Halbierung derselben), also die Zentralisierung des Ornaments im Giebelfeld das richtigste ist. Am strengsten ausgedrückt wird diese Regel durch die konventionelle Rosettenornamentierung, Fig. 5, in stilistischer und raumfüllender Weise jedoch besser durch das Muschelmotiv in Fig. 1 selbst, mit Berücksichtigung des Maßstabes, welcher für die Dreiecksbasis nur 120 cm und für die Höhe nur 50 cm ergibt. Bei sehr großen Maßen, schon vom Doppelten an, würde jedoch die Teilung Fig. 5 zu wählen sein, wenn nicht andere figürliche oder Schilddarstellungen als Ornamentation zu wählen sind, so z. B. in Fig. 14, Taf. 62. Auch bei dem vorliegenden Maßstabe der Fig. 1 wirken dergl. Formen noch gut und richtig, wie Fig. 6 und 7 zeigen.

Als falsch dagegen muß eine Ornamentierung in der Art von Fig. 4 für Dreiecksform bezeichnet werden.

Ferner macht Fig. 1 für den Türfries eine Ornamentierung nötig, welche also einen rechteckigen Raum auszufüllen hat. An diese Stelle würde ebensowenig ein fortlaufendes, senkrecht stehendes Ornament in freier Endigung (nach oben), wie z. B. Fig. 10—12, Taf. 37, oder Fig. 2, Taf. 40 passen, als ein Rankenornament, Fig. 8; letzteres schon des geringen Höhenmaßes wegen nicht. Das schon stilistisch hier allein richtige zentral gestaltete Kartuschenornamentmotiv, Fig. 7, mit Blattausläufern (seitliche freie Endigung) ist dagegen fast immer an dieser Architekturstelle zweckentsprechend und sehr beliebt. Die übrige Ornamentierung von Fig. 1 ist mit Hinzuziehung von Fig. 2, dem Vertikalschnitt von Fig. 1, genügend deutlich. In Fig. 9—11, 14 und 15 sind ferner weitere Beispiele von Friesornamenten gegeben, welche an Stelle des Kartuschen-Friesornaments, Fig. 1, treten könnten, immer aber ist dabei das Prinzip der Mittelachsenteilung, mit symmetrischen Hälften rechts und links, oder die zentrale Richtung zu beachten; dies ist selbst bei Fig. 12, dem gestreckten Festonornament, durch die Kreuzbandzeichnung festgehalten. Auch bei der monumen-

Tafel 107. Ornamententwerfen. Raumteilungen und Ornamente.

talen Fensterumrahmung Fig. 13, deren Detaillierung Fig. 2, Taf. 62 zeigt, sind die Mitte (Schlußstein) und die Endpunkte (Konsolen) markiert, um das, durch den Schlußstein durchgezogene Festongewinde des Frieses in symmetrisch axialer Ansicht erscheinen zu lassen.

Fig. 16 ist ebenfalls ein mustergültiges Beispiel für die symmetrisch axiale Anordnung der Ornamentierung einer Felderumrahmung (in Sgraffito) aus Mailand (1500. Gl.), und Fig. 17 Frieshälfte (als begrenztes Rechteckornament), etwa für den Langfries eines Kuppelfensters.

Fig. 18 zeigt nochmals die Dreiecksfigur, in welcher nach Prinzip von Fig. 3 und Beispiel 5 das Kranzmotiv (auch für Halbkreisraum passend) verwendet wurde.

Fig. 19. Lorbeerfeston, als hängendes Grundmotiv zu verwenden.

Tafel 108. Quadrat-, Dreiecks-, Kreis- und Rechtecksformen (begrenzt und unbegrenzt). Fig. 1 zeigt ein, in der modernen Architektur sehr häufig vorkommendes, beliebtes und praktisches Portalmotiv, welches eine ganze Anzahl Raumstücke für Ornamentierung darbietet, wie vor allem das häufig zum Kreis umgewandelte Quadrat als Oberlicht über dem eigentlichen Portal. Hier ist dieses Kreisstück mit Muschelornament geziert, die Zwickeldreiecke aber, als untergeordnet, nur mit Knöpfen versehen.

Der untere Portalrundbogen schneidet zunächst rechts und links vom Schlußstein größere "Zwickeldreiecke" ab, deren Ornamentationsanordnung nach Fig. 3, Taf. 107 (oder hier Hilfsfigur 2) zu geschehen hat.

Hieraus ergeben sich Fig. 3, 4, 5 und 9, auch 25 von selbst. Eine größere figürlich ornamentale Behandlung zeigt Fig. 6, während Fig. 7 die wohl zulässige, aber weniger gute Linienführung der Ornamentation zur Zwickelfigur vorführt.

Fig. 8 zeigt freie ornamentale Behandlung, gegen welche in schöner Gruppierung nichts einzuwenden ist. Als Ornamente für Trapezformen können gelten Fig. 17, Taf. 62 und Fig. 21, Taf. 110.

Der Portalhalbkreis kann auch als festes oder durchbrochenes Ornament (schmiedeeisernes Oberlicht) gebildet sein, in letzterem Falle wird man fast immer denselben als Halbrosette, fächer- oder strahlenförmig (radial), ausgebildet sehen, Fig. 10 und 11, Taf. 108. Als undurchsichtiges Ornamentstück dagegen wird die Ornamentierung halbkreisförmiger Raumstücke am besten von einem Mittelstück aus, rechts und links symmetrisch axial zu bilden sein, wie Taf. 108, Fig. 12 und 13. Aber auch das durchbrochene Ornament (schmiede-

Tafel 108. Ornamententwerfen. Raumteilungen und Ornamente.

eiserne Füllung) kann axial symmetrische Motive zeigen, wie z. B. Fig. 14 oder Fig. 9 und 10, Taf. 68.

Wie beim Halbkreise findet bei der ganzen Kreisfigur dieselbe Ornamentierung radial oder symmetrisch axial statt, wie bei Fig. 19, 20 und 32 (als Rosette), oder wie bei Fig. 1 als Muschelmotiv, oder sonst mit symmetrisch axialem Ornament als Wappen mit Bandornament etc.

Fig. 18 und 19 zeigen (als Friese) die Kombination des Quadrates mit der Kreisfigur (Rosette), angewendet als Konsol-Hauptgesims (Fig. 19) oder als Soffite (Untersicht der Hängeplatte) und bei Kassettenfeldern, Fig. 2, Taf. 94 und Fig. 9, Taf. 95 und wie schon in Fig. 6 und 7, Taf. 18 und Fig. 1, Taf. 39, dargestellt.

Fig. 15, 16, 17 und 24 zeigen nochmals Simaornamente (freie Endigungen) als unbegrenzte Bänder, zum Unterschiede von der geschlossenen Rechteckfigur, wie Fig. 27.

Die Fig. 21, 22, 23, 29, 30 und 31 sind recht eigentliche Ornamentfüllungen für das Quadrat in richtiger, rosettenförmiger, radialer Anordnung für die geschlossene Figur.

Fig. 26. Altdeutsches Füllungsgitter für Rautenform. (Treppengeländer.)

Fig. 28. Das geschlossene Achteck (bei Kassettendecken etc., Fig. 2, Taf. 95 und Fig. 2, Taf. 81) wird ornamental wie das Quadrat und die Rosette (axial) behandelt.

Tafel 109. Fig. 1. Friesornament (italienische Intarsia) als geschlossene zentrale Form von der Mitte aus, liegend (horizontal) und stehend (vertikal) zu verwenden für Füllungen und Friese aller Art.

Fig. 2. Pilasterfüllung eines Wandaltares zu Venedig. Als Rankenornament ausnahmsweise hier als stehendes (vertikales) Ornament angewendet (nicht mustergültig).

Fig. 3. Pilasterfüllung in richtiger Anordnung, als Gegenstück zu Fig. 2.

Fig. 4. Pilasterfüllung als hängendes Ornament mit Bandverknüpfungen, französische Renaissance. (Ebe.)

Fig. 5. Liegendes Rankenornament für Friesfüllungen größerer Form und unbegrenzter Abmessung, von Sta. Maria dei Miracoli, Venedig (allg.).

Fig. 6 und 7. Simaornamente der Kapelle St. Godehard zu Hildesheim. (K. B.) (Bänder, freie Endigung nach oben.)

Fig. 8. Simaornament von Laon, gotisch (allg.).

Fig. 9. Bogenfries von der Dominikanerkirche zu Krakau. (K. B.) (Bandornament, freie Endigung nach unten.)

Tafel 109. Ornamententwerfen. Ornamente für Raumteile.

Fig. 10. Hauptgesims mit Festonfries von der Bibliothek S. Marco, Venedig. (L.)

Fig. 11. Konsolgesims mit Friesornament in begrenztem Rechteck (modern).

Fig. 12. Kreis im Quadrat mit Schildornament (symmetrisch axial).

Fig. 13. Halbes Friesornament in begrenztem Rechteck, vom Bernardo-Monument in Venedig (symmetrisch axial, figürlich mit Ranke).

Fig. 14. Unbegrenztes Bandornament (italienisch), vertikal und horizontal.

Fig. 15. Unbegrenztes Fruchtornament (Fruchtschnur), horizontal und vertikal (hängend) anzuwenden. (Gl.)

Fig. 16, 17 und 18. Pilasterfüllungen, italienisch (allg.).

Fig. 19. Füllungsornament mit Musikemblemen (hängend).

Fig. 20. Friesfüllung, italienisch (in begrenztem Rechteck), axial. (Gh.)

Fig. 21. Konsolgesims mit Friesfüllung, wie Fig. 11.

Fig. 22. Friesfüllung mit Feston, unbegrenzt.

Fig. 23. Bandornament (unbegrenzt), horizontal und vertikal (allg.).

Fig. 24, 25 und 26. Friesfüllungen wie Fig. 21 und 20 etc. (axial).

Tafel 110. Fig. 1. Romanisches Rankenornament, unbegrenzt (allg.). Als solche können auch gelten die romanischen Pilasterfüllungen Fig. 6 und 7, Taf. 74 und Fig. 3 und 6, Taf. 75, welche betreffs ihrer Schönheit als mustergültige romanische Ornamente zu bezeichnen sind.

Fig. 2. Halber Fries (axial), begrenzt, in italienischer Renaissance, mustergültig (allg.).

Fig. 3. Festonfries, begrenzt, und in unbegrenzter Wiederholung.

Fig. 4. Friesband, englisch, in Wiederkehr (axial und zentral), begrenzt und unbegrenzt.

Fig. 5 wie Fig. 4.

Fig. 6. Friesornament (italienisch), axial, begrenzt.

Fig. 7. Schmiedeeiserne Füllung, wie Fig. 4.

Fig. 8. Pilasterornament (italienisch) in falscher Anordnung, wie Fig. 2, Taf. 109.

Fig. 9. Friesornament oder Umrahmungsornament. Französisches Barock. Von einer Türumrahmung zu Versailles. (Ebe.)

Fig. 10. Halber Fries, deutsche Renaissance, wie Fig. 2.

Fig. 11 und 12. Moderne Ornamente im Sinne deutscher und

Tafel 110. Ornamententwerfen. Ornamente für Raumteile.

französischer Renaissance für Friesfüllung, begrenzt und in fortlaufender Wiederholung anzuordnen (axial symmetrische Figur).

Fig. 13 und 14. Wulst- und Kehlen-Ornamente (Gurtgesimsglieder), modern barocke Formen, als unbegrenztes Bandornament.

Fig. 15 und 16. Moderne Brüstungsfüllungen der Neuzeit, als durchbrochenes, begrenztes Ornament und in fortlaufender Wiederkehr (Aneinanderreihung, axial symmetrisch).

Fig. 17. Füllungsornament in begrenztem Rechteck. Schildornament, hängend.

Fig. 18. Pilaster-Füllungsornament. Altdeutsche Verzierung.

Fig. 19. Füllungsornament, Innenraum für rundbogige Verdachung oder Bekrönung, wie z. B. bei Fig. 3, 8 und 9, Taf. 57. Axial symmetrisches Schildornament mit Beiwerk.

Fig. 20. Brüstungsfüllungs- oder Friesornament in fortlaufender Bandform.

Fig. 21. Füllungsornament für begrenzte gleichmäßige Trapezform (zwischen zwei Fensterverdachungen). Axial symmetrisches Kartuschen-Schildornament mit Festongewinde, vom Hause der vier Winde in Köln.

Fig. 22. Schildornament wie Fig. 17.

Fig. 23. Muschelornament für halbkreisförmige Füllung. (Barock.)

B. Ornamente für Glas, Holz und Eisen.

Ornamente für Glas.

Glasfenster, Holzteile und Eisenarbeiten gehören infolge ihrer Verwendbarkeit im allgemeinen zum Bauornament, bei der Eigenartigkeit ihrer durch das Material bedingten Behandlung und Verzierungsart jedoch lassen sich dieselben besser unter das Kunstgewerbe klassifizieren.

Verglaste Fenster gibt es erst im Mittelalter und zwar seit Mitte der romanischen Epoche, 10. Jahrhundert, da die vorherige romanische Zeit ihre kleinen eng aneinandergestellten Fenstergalerien (Triforien etc.) noch mit Teppichen behing. Es soll zwar in Frankreich schon im 9. Jahrhundert bunte Glasfenster gegeben haben, jedoch ist nachweislich die erste Werkstatt für Glasmalerei das Tegernseer Kloster im 10. Jahrhundert.

Die romanische Periode der Glasmalerei des 11. und 12. Jahrhunderts bevorzugt das stilistische Ornament und netz- und sternförmige Muster, welche Ornamentierung am besten der Technik der bunten Glasmosaik entspricht, während die eigentliche Glasmalerei sich erst während der gotischen Periode zu voller Blüte bis Ende des

14. Jahrhunderts entwickelt und vollständige figürliche Gemälde und Architekturen in den hohen Kirchenfenstern erzeugt. Letztere erforderten geradezu eine Dämpfung des zu vollen Lichtes, das nicht schöner und zweckentsprechender als durch Glasgemälde gebrochen werden konnte. Mit Ende des 14. Jahrhunderts schließt diese erste Glanzperiode der Glasmalerei ab, der die zweite Periode der Renaissancezeit des 15. und 16. Jahrhunderts folgt, insofern die wichtigste, als in ihr die Glasmalerei die größte Verbreitung nicht bloß beim Kirchenbau, sondern auch beim Profanbau der Paläste, der öffentlichen und Privatgebäude fand und Wappen und Embleme, sowie anderweite geschichtliche und figürliche Darstellungen und Zierraten zum Gegenstande hatte.

Die schönsten Beispiele von Glasmalereien in Deutschland zeigen die Lorenzkirche und Sebalduskirche in Nürnberg, 1500, die Fenster des Kölner Domes und zu Trier, sowie zahlreiche Privatbauten.

Das 17. und 18. Jahrhundert bedeutet die dritte Periode oder Verfallzeit der Glasmalerei, da das Barock und Rokoko derselben nicht günstig waren, was auch mit der vollendeteren Technik der weißen großen Glasfenster zusammenhing, und erst neuerdings wird der Glasmalerei wieder mehr Aufmerksamkeit geschenkt, wobei jedoch mehr die ältere Technik der farbigen Glasmosaik geübt wird, als die eigentliche Glasmalerei mit Gemälden.

Was die Herstellungsweise und Technik der Glasmosaik und Malerei anbetrifft, so bestand dieselbe zuerst in der Zusammensetzung farbiger Gläser zu einem Ganzen, d. h. die in der Masse durch und durch gefärbten Gläser (Hüttengläser) wurden mosaikartig nach der Zeichnung zugeschnitten, und in Bleistreifen (Bleiverglasung) zusammengesetzt und in Eisenrahmen zusammengefaßt. Die weiteren Konturen und Schattierungen der Farbgläser wurden sodann mit verglasbarer Metallfarbe hinzugefügt und die Farben in besonders dazu hergestellten Öfen eingebrannt, und eingeschmolzen. Mit letzterem Verfahren beginnt die eigentliche Glasmalerei, bei der im Anfange nur eine Farbe das sogenannte „Schwarzlot“ aus Kupferasche zur Anwendung kam; außerdem radierte man Ornamente aus dem mit blassem Grunde übermalten Glase für Gewand- und Stoffmusterungen aus und später kamen außer dem Schwarzlot noch andere Glasmalerfarben, wie das Kunstgelb und die roten, grünen und blauen Eisen- und Kupferoxyde auch in Abtönungen hinzu, aus denen das Überfangglas (rote Fritte) hergestellt wurde. Aus letzterem bewirkten Ausschleifungen die Ornamentzeichnungen, welche bei einseitig gefärbtem Glase auf der Gegenseite auch durch Malerei angefertigt wurden.

Das in bunter Glasmosaik oder Glasmalerei hergestellte Fenster soll immer wie ein Teppichmuster wirken, was besonders der Fall ist bei den rein ornamentalen Mustern der romanischen Periode und in der Frühgotik noch im 13. Jahrhundert bei den Kirchenfenstern in Deutschland, Frankreich und England, welche in ihrer Herstellung die größte farbige Leuchtkraft zeigen, während letztere gleichzeitig noch gehoben wird durch die Fassung der Einzelstücke mit den ziemlich breiten Bleistreifen. Diese starken Umrisse verhindern zugleich beim Beschauen das Ineinanderfließen der angrenzenden Farbentöne.

Tafel 111. Fensterteilungen und deren Verzierungen, Glasmalereimuster.

Fig. 1 und 6. Gotisches Maßwerkfenster der Wiesenkirche zu Soest. (K. B.)

Fig. 2. Gotisches Maßwerkfenster der Ste. Chapelle zu Paris. (K. B.)

Fig. 5. Gotisches Maßwerkfenster des Kölner Doms. (Opd.)

Fig. 3. Rose vom Straßburger Münster. (Lübke.)

Fig. 4. Romanische Kuppelfenster.

Fig. 7, 8 und 9. Hilfsfiguren und Einzelheiten.

Fig. 10. Gotische Fensterteilung von Sta. Croce zu Florenz. 13. Jahrhundert. (Gl.)

Fig. 11. Frühgotisches Fenster-Glasornament.

Fig. 12. Gotisches Glasfenster, Sta. Maria Truro. (Gl.)

Fig. 13. Frühgotisches Glasfenster der Kathedrale in Salisbury. (Gl.)

Fig. 14. Glasmalerei vom Münster zu York.

Fig. 15. Glasmalerei-Ornament von der Kathedrale zu Burgos. romanisch. (Gl.)

Fig. 16—23. Geometrische Musterteilungen von neueren Glasfenstern.

Fig. 24—26. Romanische Glasfenster-Ornamente. (Chartres.)

Fig. 27. Italienische Glasmalereiborten.

Fig. 28—30. Fenstergruppen in modernen Teilungen. (Nr.)

Tafel 112. Die Fig. 1—6 stellen Muster von quadratischen Füllungen für Glasmalerei dar, im modernen Stile der Neuzeit, jedoch ist diese Art der Ornamente nicht ganz neu, sondern fundiert auf der Grundlage von alten tiroler Holzschnitzereien des Übergangsstiles der Spätgotik zur Renaissance.

Fig. 7 und 8 sind die Zwickelfiguren zum inneren Rundfenster, Fig. 9, welche zusammen ein Ganzes bilden können. Die Art der Ornamentation zu dieser Glasmalerei ist dieselbe wie bei Fig. 1—6, nur ist Fig. 9 mehr selbständig und neuesten Ursprungs.

Tafel 111. Verwandtes Kunstgewerbe (Glas). Glasfenster, Glasmosaiken und Glasmalereien.

Tafel 112. Verwandtes Kunstgewerbe (Glas). Glasfenster, Glasmosaiken und Glasmalereien.

Fig. 10 und 11 sind Hälften von Glasmalerei-Halbrundfenstern, die Ornamentation ist dieselbe, wie bei den vorigen.

Fig. 12 und 13. Halbrund-Glasmosaiken in zwei hellen Farben oder weiß, verschiedenartig geriffelt oder mit grünlichem rauhen, sogenannten Kathedralglas abwechselnd. Die Zeichnung kann als Bleieinfassung (Bleiverglasung) angesehen werden (nach B. An.).

Fig. 14. Modernes Glasfenster, auf dieselbe Weise wie bei 12 und 13 gedacht.

Fig. 15. Flächenmuster mit geometrisch linearer Teilung und innerer Blätter- und Blumenfigurfüllung in buntem Glasmosaik, grün, gelb und rot, wobei die Konturzeichnung die Verbleiung angibt.

Fig. 16. Bogenförmiges Fenster in Glasmalerei mit Pflanzenornament im modernen Stile der neuesten Zeit, in Ausführung wie bei 15, d. h. in bunter Glasmosaik und mit Schwarzlot-Schraffierung nach alter bester Glasmalerei-Technik.

Fig. 17. Rechteckige Füllung für Glasmalerei mit Ornamentation und in Ausführung wie bei Fig. 1—6.

Ornamente für Holz.

Die Holzornamentation findet Anwendung bei allen Teilen der Außen- und Innen-Architektur, besonders bei Fachwerks- und Holzbauten in der Form von Stützen, freistehenden Säulen, sowie von Pilastern, Konsolen, Balkenverzierungen aller Art, Zapfen, Friesen und Brüstungsfüllungen, Dach- und Giebelverzierungen, Geländern und Pfosten, sowie auch besonders bei den Holzdecken der Innenräume.

Als selbständige Dekoration tritt die Holzverzierung besonders bei den Kleinbauten, wie z. B. den Pavillons und Lauben der „Garten-Architektur“ auf, ferner bei den Konsol- und Friesverzierungen von Paneel-Wandverkleidungen, wie sie für Speisezimmer, in Restaurants etc. beliebt sind. Hier tritt noch die besondere Ausschmückung von Türumrahmungen, freien Teilungswänden und Nischenumrahmungen hinzu.

Die erstere Anwendung der Holzornamentation zeigen die Darstellungen auf Taf. 113, Fig. 1—25, während die der Taf. 116 und 117 Fenster- und Türdarstellungen, gleichzeitig mit den Ziergittern, geben.

Tafel 113. Fig. 1—10 und 18. Einzelheiten von Balkenverzierungen, Konsolträgern, Friesen und Füllungsornamenten von Balken-Unter- und Vorderansichten etc. der deutschen Renaissance des 15. und 16. Jahrhunderts aus Höxter a./Weser und von Häusern aus Westfalen, Braunschweig und Hannover.

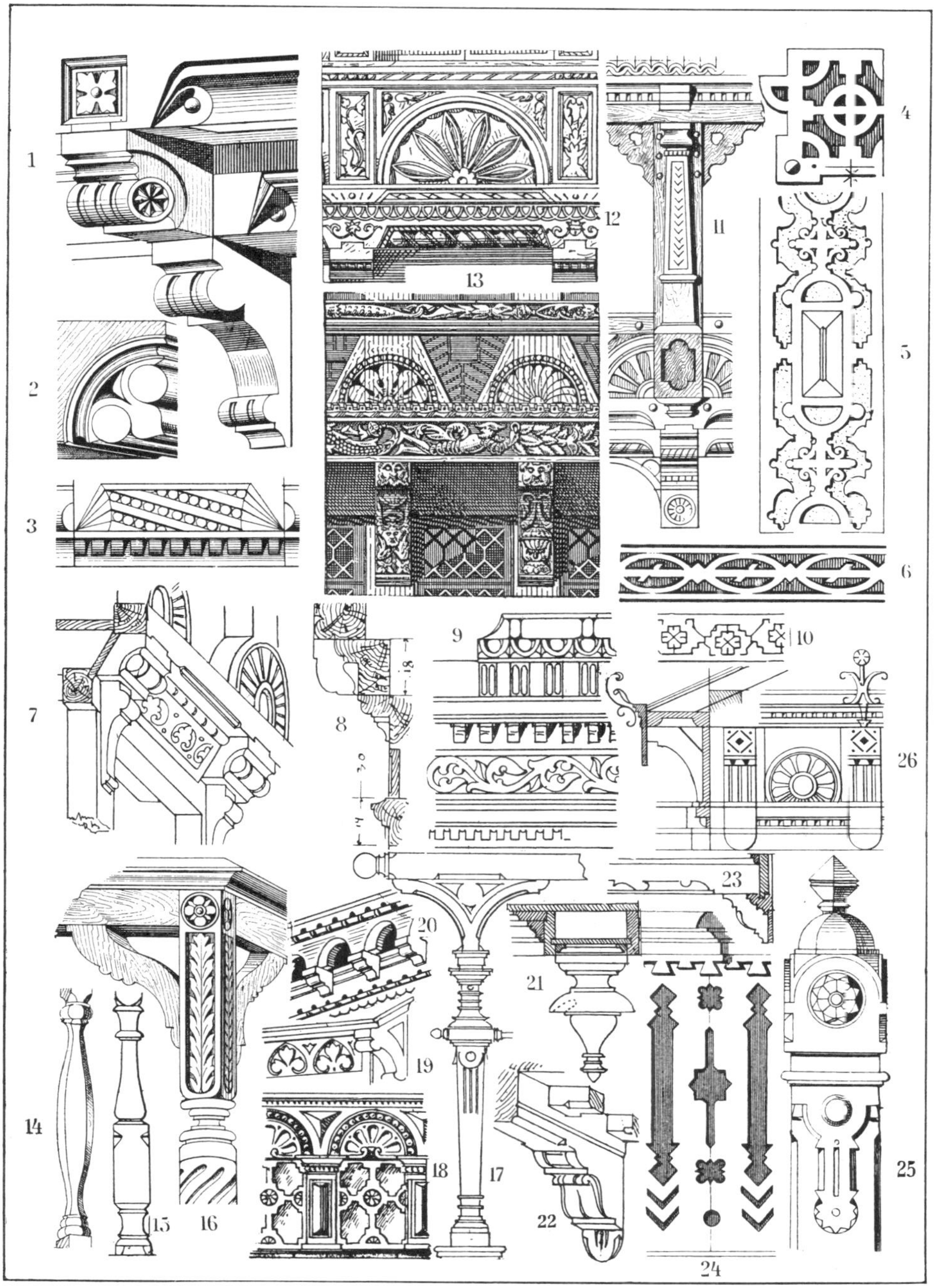

Tafel 113. Verwandtes Kunstgewerbe (Holz). Holzornamente für Äußeres.

Fig. 1. Geschnitztes Konsol und Balkenkopf mit Längs-Balkenverzierung (Kehlung) von einem Fachwerkshause zu Höxter.

Fig. 2. Balken-Kopfverzierung ebenda, zu Fig. 1.

Fig. 3. Längs-Balkenverzierung von einem Hause in Hannover.

Fig. 4. Balken-Kopfverzierung (Füllungsausschneidung) ebenda.

Fig. 5 und 6. Ornamentale Schnitzereien, Füllungsausschneidungen von Balkenuntersichten an Holzdecken in Westfalen.

Fig. 7. Verzierungen der Holzverbindungen (in Gesamtansicht) zweier Stockwerke übereinander bei einem Fachwerkshause. Zu den Fig. 1—3.

Fig. 8 und 9. Querschnitt und Vorderansicht der Balkenverbindung und Holzverzierungen in derselben Weise wie bei Fig. 7. Von einem Hause zu Höxter.

Fig. 10 ähnlich Fig. 6.

Fig. 11. Teile einer Holzveranda-Galerie mit Stütze und Konsolträgern, nach Art der Fig. 1—10.

Fig. 12. Geschnitzte Fensterbrüstung als Muschel- oder Fächer-Ornament mit Balkenunterlage in Holzarchitektur, an einem Hause der Burgstraße in Hannover. (K. B.)

Fig. 13. Dieselben Holzverzierungen, am Knochenhauer-Amtshause in Hildesheim, altdeutsch. (K. B.)

Fig. 14—17. Geschnitzte Holzstützen und Säulchen zu Veranden wie bei Fig. 11.

Fig. 18. Geschnitzte Fensterbrüstung.

Fig. 19. Fensterverdachung und Ornamentfries (ausgeschnittenes Brett) mit Konsol in Holz bei einem Fachwerkshause.

Fig. 20. Bogenfries von einem Schweizerhause, als Verkleidung der Balkentrennung.

Fig. 21. Zapfen.

Fig. 22. Balkenkonsol unter einer Holzdecke.

Fig. 23. Geschnitzter Holzbalken mit Konsol, wie bei Fig. 22 (Seitenansicht).

Fig. 24. Ausgeschnittene Geländer-Holzbrüstung.

Fig. 25. Pfosten zu Fig. 24.

Fig. 26. Hauptgesims in Holz.

Ornamente für Eisen.

Als Bauornamente kommen besonders in Betracht alle Gitterarten, wie Dach-, Schutz- und Brüstungsgitter, Garten- und Frontgitter nebst Eingangstüren und -Toren, Bekrönungen, Balkon-

und Brüstungsgitter und -Geländer, Treppengeländer und Füllungsgitter für Fenster und Oberlichter.

Tafel 114. Fig. 1—4. Brüstungsgeländer in modernen Formen der Neuzeit. (Fritsch, Leipzig.)

Fig. 5 und 6. Brüstungs-Gitterfüllungen, barock. (Rokoko.) Schloß Brühl am Rhein.

Fig. 7. Torbekrönung, modern Barock.

Fig. 8. Eingangstor in Ornamentation der deutschen Renaissance.

Fig. 9. Gitterwand (Lettner) in Schmiedeeisen aus der Kathedrale zu Prato. (Gl.)

Fig. 10—15. Geländerstäbe, als Mittel- und Eckpfosten in Eisenguß für Ketten- und Stabeinfriedigungen.

Fig. 16. Gitter für Heizrohrabschluß und dergleichen Füllungen.

Fig. 17. Türgitterstück in Schmiedeeisen vom Grassi-Museum zu Leipzig.

Fig. 18. Gitter von St. Paul in London. (Gl.)

Fig. 19. Modern barockes Treppengeländer in Schmiedeeisen (allg.).

Fig. 20 und 21. Moderne Türfüllungen in Schmiedeeisen, zu Korridor-Glastüren.

Fig. 22. Balkongeländer in Eisen, deutsches Barock. (Ebe.)

Fig. 23. Teil von einem Parkgitter, deutsches Barock. (Ebe.)

Fig. 24 und 25. Altdeutsche Füllungsgitterteile (allg.).

Fig. 26. Eisengitterbekrönung.

Fig. 27. Balkongeländer in Versailles, Stil Ludwig XIV. (Gl.)

Vereinigt angewandt finden sich Glas, Holz und Eisen hauptsächlich bei den Türen und Fenstern des „Innen und Außenbaues“ und sind Beispiele hierfür bereits in Abteilung II zu finden, z. B. Taf. 64, Fig. 2 und Taf. 66; es folgen aber noch einige charakteristische und gute mustergültige Beispiele von modernen Türen und Fenstern auf Taf. 116 und 117, welche eine harmonische Gesamtkomposition der Zeichnungsmuster von Glas, Holz und Eisen wiedergeben.

Tafel 115. Fig. 1 und 2. Modern barocke Balkongitter vom Friedrichshof, Berlin. Architekt G. Hochgürtel (nach Rückwardt, Architekturteile und Details).

Tafel 116. Fig. 1 ist der Mittelteil einer inneren Flurtür im Hause Bürgerwiese 20 zu Dresden, Arch. Voretzsch. (Rehme, Architektur.)

Fig. 2. Fenster vom Hause Boulevard militaire 97, Brüssel, Arch. Blérot (do.).

Tafel 114. Verwandtes Kunstgewerbe. Ornamente für Schmiedeeisen.

1

2

Tafel 115. Verwandtes Kunstgewerbe. Ornamente für Schmiedeeisen.

1

2

3

Tafel 116. Verwandtes Kunstgewerbe. Moderne Türen und Fenster.

Fig. 3. Haustür aus Brüssel, Arch. Govaerts (do.).
Tafel 117. Fig. 1. Haustür aus Brüssel, Arch. Blérot (do.).
Fig. 2. Haustür aus Rotterdam, Arch. Lievens, Rotterdam (do.).
Fig. 3. Haustür aus Brüssel, Arch. V. Horta (do.).

C. Moderne Ornamentformen.

Die moderne Architektur, welche ihre Bauformen und Ornamentierungs-Vorbilder zunächst in allen Stilarten suchte und keinen eigenen ausgeprägten Stilcharakter kennt, hat sich zwar mit der Ornamentierung neuerdings besondere Mühe gegeben, alle Versuche aber, die das „Naturalistisch-Auffallende“, Plakatmäßige erstrebten, sind mißglückt und haben zuweilen sogar zu recht bedenklichen Auswüchsen geführt.

Verkannt darf aber nicht werden, daß auch viel Schönes, besonders bezüglich des plastischen Ornaments für Holz, Stein und Eisen geschaffen worden ist, während man auf dem Gebiete des Flachornaments in Anlehnung an chinesisch-japanische Vorbilder sich im Kopieren naturalistischer Gras- und Pflanzenbüschel, wie sie gewachsen sind überbietet oder auch in Verbindung mit Lineamentverschlingungen, die alles andere eher, als den Begriff „Ornament“ verdeutlichen.

Die allmähliche Verdrängung des klassischen und historisch-stilistischen Ornaments, hervorgerufen durch unsere modernen Bedürfnisse und Größenverhältnisse im Profan- und Eisenbau, verdanken wir Frankreich; von hier ging Ende der 50er Jahre des vorigen Jahrhunderts das Bestreben nach Naturalismus und wuchtiger, drastischer Ausdrucksweise des Ornaments aus, welches allmählich in immer kräftigerer (auch übertriebener) Licht- und Schattenwirkung sich aussprach. Zu den schönsten Formen hatte Charles Garnier in Paris diese „naturalistische Auffassungsweise“ ausgebildet; alle seine Bauten, besonders die Große Oper in Paris, auch innen, zeigen eine frische naturalistische Ornamentierung. Garnier hat hiermit Schule gemacht und selbst beim deutschen Reichstags-Gebäude ist diese Ornamentation angewendet, welche sich ausspricht in den stammbaum- und wappengeschmückten Wandverzierungen des Mittelbaues, den Eckwasserspeiern der Turmaufbauten und vielen anderen Architekturteilen, bei denen das Schildwerk, Band und Schnurgeflecht in Verbindung mit Naturpflanzen, geschmückten Köpfen und Masken etc. eine große Rolle spielt.

Mustergültige Ornamentations-Anordnungen von Hallen-Architekturen, entworfen von Otto Rieth, Berlin (Rieth, Skizzen), gibt **Taf. 118,** Fig. 1—3.

Noch muß erwähnt werden, daß Amerika sich seinen eigenen „Stil“ herangebildet hat, indem dort wieder auf die schwere Formensprache

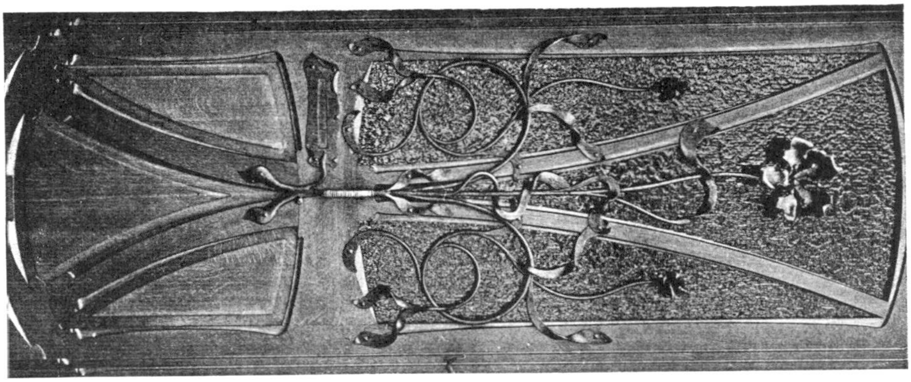

1

2

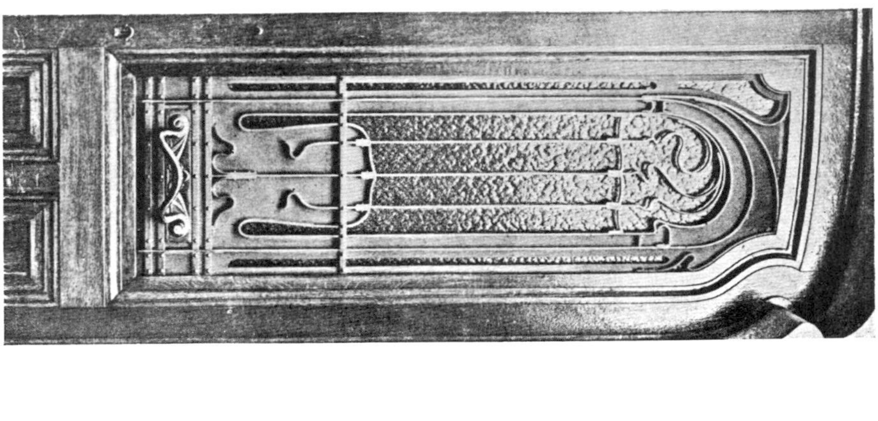

3

Tafel 117. Verwandtes Kunstgewerbe. Moderne Türen und Fenster.

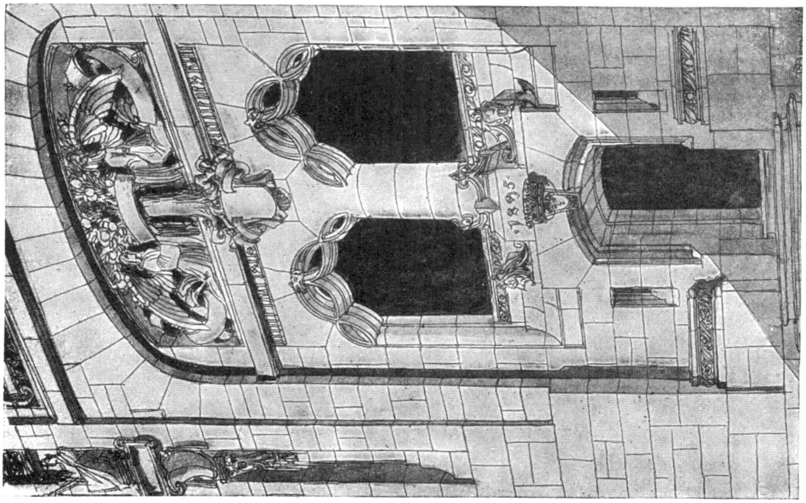

1

2

3

Tafel 118. Mustergültige Ornamentationsanordnung.

Tafel 119. Moderne Ornamentik der Neuzeit.

1 2

3

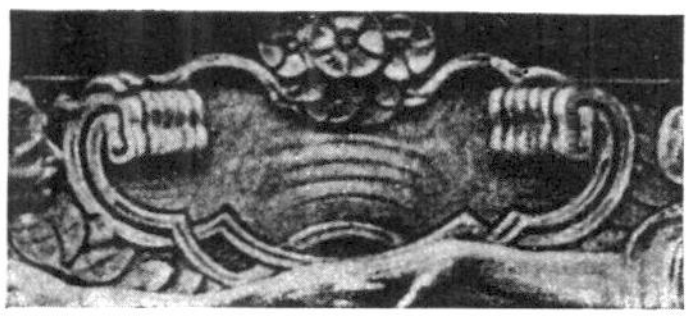

5 4 6

Tafel 120. Moderne Ornamentik der Neuzeit.

des byzantinischen Ranken-Ornaments mit dessen steif-spitzem und starrem Akanthusblätterwerk zurückgegriffen wurde, welche besonders beim Wohnhaus- und Villenbau in Naturstein angewendet wird. Ein Beispiel gibt die Fensterumrahmung in Stein mit Fig. 12 auf Taf. 119. Diese neuartige Ornamentationsweise zeigt das Bestreben, weniger um ihrer selbst willen hervorzutreten, als sich den modernen Bauverhältnissen anzupassen, welche oft bloß aus Pfeilern und Zwischendecken mit Dachaufsätzen bestehen. Hier würde die Feinheit des Ornaments der italienischen Renaissance wirkungslos und zwecklos erscheinen und es muß daher zu stärkeren Ausdrucksmitteln gegriffen werden, wofür das breite Rankenwerk im Sinne des romanischen Stils mit seinen naturalistisch kräftig wirkenden Pflanzenformen nicht unrichtig erscheint. Auch die nordischen Ornamentformen, welche hierin ähneln, sind vielfach mit Glück für solche modernen Bauten verwendet, so daß man hoffen darf, daß das Gute hiervon für die moderne Entwicklungsperiode sich durchringen wird.

Unsere heutige Profanbaukunst ist, abgesehen von besonderen Monumentalbauten, somit auf das rein Praktische gerichtet, dem sich alles andere unterzuordnen hat, und erleidet demgemäß die feinere Form des Ornaments eine entsprechende Beschränkung.

Anhang. Taf. 119 und 120. Modernste flach-plastische Ornamente.

Diese Tafeln geben ausgeführte moderne Flach- und plastische Ornamente in Umrahmungen, Zierstücken, Füllungen, über deren künstlerischen Wert die Meinungen vielleicht geteilt sind, welche aber der Vollständigkeit wegen hier noch gebracht werden.

Tafel 119. Fig. 1—14 und **Tafel 120.** Fig. 1—6 (aus Jahrgang VI des Modelleurs, Kanter und Mohr, Berlin). Verschiedenartige Ornamente, als Zierstücke, Bänder, Füllungen, Friese und Umrahmungen, flach und plastisch, welche beliebige Verwendung für das Entwerfen von Ornamenten finden können.

Angabe der Werke, denen Illustrationen entnommen sind.

„Architekt", der, Wiener Monatshefte für Bauwesen. Verlag von A. Schroll & Co., Wien. („Schr."*)
„Architektonische Rundschau", Verlag von J. Engelhorn, Stuttgart. („A. R.")
„Architekturschatz" von H. Rückwardt. Baumgärtner's Buchhandlung, Leipzig. („Rdt.")
„Architekturteile und Details" von H. Rückwardt. („Rdt.")
„Berliner Architekturwelt", Zeitschrift für Baukunst, Malerei, etc. Verlag von Ernst Wasmuth, Berlin. („B. A.")
„Berndt, Häuser in Stein und Putzbau". Verlag von B. F. Voigt, Leipzig. („B. H.")
„Blätter für Architektur und Kunsthandwerk". Verlag von Max Spielmeyer, Berlin.
„Deutscher Architektur-Verlag", Leipzig. („D. A.V.")
„Deutsche Bauzeitung", Organ des Verbandes Deutscher Architekten- und Ingenieurvereine. Verlag der Deutschen Bauzeitung, G. m. b. H., Berlin. („D. Btg.")
„Ebe, Schmuckformen". W. & S. Loewenthal, Berlin.
„Gewerbehalle". Verlag von J. Engelhorn, Stuttgart. („Gh".)
„R. Glazier, A Manual of Historic Ornament". London. B. T. Batsford, London. („Gl.")
„F. Gottlob, Formenlehre der norddeutschen Backstein-Gotik". Verlag von Baumgärtner's Buchhandlung, Leipzig. („Gb.")
„P. Gründling, Entwürfe für bürgerl. Bauten", Verlag von B. F. Voigt, Leipzig.
„P. Gründling, Motive der Innen-Dekoration", Verlag von B. F. Voigt, Leipzig.
„P. Gründling, Ornamentales Zeichnen", Verlag von M. Hittenkofer, Strelitz.
„Issel und Milde, Architektonische Musterhefte". (IV. Rohbau.) Verlag von C. Scholtze, Leipzig. („A. M.")
„Dr. Joseph, Geschichte der Baukunst", Verlag von Baumgärtner's Buchhandlung, Leipzig. („Jo.")
„Kunsthistorische Bilderbogen", Verlag von E. A. Seemann, Leipzig. („K.B.")
„Lübke, Grundriß der Kunstgeschichte", Verlag von Ebner & Seubert, Stuttgart. („L.")
„J. M. von Mauch, Architektonische Ordnungen der Griechen und Römer", Wilhelm Ernst & Sohn, Berlin. („M.")
„Martin Meyer, Moderne gotische Architekturen". Baumgärtner's Buchhandlung, Leipzig.
„Modelleur und Bildhauer", Zeitschrift für plastische Arbeiten. Verlag von Kanter & Mohr, Berlin. („K. u. M.")
„Muster-Ornamente", Verlag von J. Engelhorn, Stuttgart. („M.O.")
„Prof. A. Neumeister, Deutsche Konkurrenzen", Verlag Seemann & Co., Leipzig. („Nr.")
„Prof. A. Neumeister, Wohn- u. Geschäftshäuser", Verlag Seemann & Co., Leipzig.
„Neuzeit", von Fritz Drechsler. Baumgärtner's Buchhandlung, Leipzig.

---

*) Die Titel der Werke sind im Text selbst in den hier in Klammern vermerkten Abkürzungen angegeben.

„Nohl, Italienisches Skizzenbuch“, Verlag von Ebner & Seubert, Stuttgart. („N.“)

„A. von Pannewitz, Formenlehre der romanischen Baukunst“. Baumgärtner's Buchhandlung, Leipzig. („P.“)

„Der Profanbau“, Zeitschrift für Geschäfts-, Industrie- und Verkehrsbauten. Verlag von J. J. Arnd, Leipzig. („Profanbau.“)

„Raguenet, A., Matériaux et Documents d'architecture et de sculpture“, Ducher Fils Successeurs, Paris. („R.“)

„W. Rehme, Architektur der neuen freien Schule“, Baumgärtner's Buchhandlung, Leipzig.

„W. Rehme, Moderne Wohn- und Geschäftshäuser“, Baumgärtner's Buchhandlung, Leipzig.

„C. Ritter, Kunst-Schmiede und Schlosser-Arbeit“, Verlag von B. F. Voigt, Leipzig.

„F. Roch, Moderne Fassadenentwürfe“. Verlag von B. F. Voigt, Leipzig.

„A. Speltz, Der Ornamentstil“. Bruno Heßling, Berlin.

„O. Stiehl, Backsteinbau den romanischen Zeit“. Baumgärtner's Buchhdl. („S.“)

„Allgemein“, Bezeichnung für Abbildungen, welche in vielen Werken über Stil und Ornamentik gleichzeitig und in derselben Form vertreten sind. („allg.“)

Ornamentensammlung des Verfassers aus Prospekten und allgemein verbreiteten Werken, sowie eigene Aufnahmen und Entwürfe. („V.“)

Erklärung

der technischen und fremdsprachlichen Ausdrücke.

Abakus, Deckelplatte (viereckig) beim dorischen Kapitäl.

abwickeln, der runden Körperfläche in die ebene.

Agraffe, Verbindungsstück als Schlußstein oder Zierstück.

Akroterie, palmettenartige Giebelverzierung, Giebelblume, Stirnziegel.

à la greque, speziell *griechische* rechtwinklig, gradlinig gestaltete Band-(Mäander-) Verzierung.

Allegorie, sinnbildliche Darstellung kirchlicher oder weltlicher Begriffe.

Andreaskreuz, Figur aus schräg über Kreuz gestellten Hölzer noder Leisten.

Arabeske, Rankenverzierung (nach maurischem Muster).

Architrav, der erste über Stützen liegende Balken. (Gebälk.)

Archivolte (gebogener Architrav), halbrunde Umrahmung von Öffnungen.

Arkaden, Bogenstellungen.

Astragal, kleiner Rundstab. (Perlstab, architektonisches Unterglied.)

Attika, Geländer, Galerie über Hauptgesimsen (unterer Dachabschluß).

Attribut, Abzeichen, Beigabe.

Ausladung, Vorsprung von Gesimsen und Profilen.

Baluster, kurze Säule (Docke), Geländereinzelteil.

Balustrade, Brüstungsgeländer (Dockenstellung).

Barock, Barockstil, Kunstform des 17. Jahrhunderts, der Renaissancezeit nachfolgend.

Basis, Säulen- oder Pfeiler-(Pilaster) Fuß.

Blattstab, Reihenweise Folgerung eines Blattornaments.

byzantinisch, byzantinischer Stil, Kunstform des frühchristlichen Stiles des oströmischen Reiches bis 1000 n. Chr.

Cannelierung, s. Kannelierung.

Cartouche, s. Kartusche.

Cassette, s. Kassette.

Chimären, phantastische Tiergestalten aus der griechischen Sage. (Grotesken.)

Dekoration, Verzierung, Schmuck.

dorisch, dorischer Stil, älteste (altgriechische) Kunstform; ausgeübt von dem nördlichen Stamme der Griechen.

Dreipaß, Dreiteilung (durch Kreisstücke) beim gotischen Maßwerk.

Echinus, Viertelrundstabglied unter der Platte (Abakus) beim dorisch. Kapitäl.

Emblem, sinnbildliche Darstellung.

Epitaphium, Grabmal, Grabwandplatte mit Umrahmung.

eurhythmisch, zentral-strahlenförmige Bildung bei Rosetten-Ornamenten.

Falz, Rinnenvertiefung, besonders bei Holzverbindungen.

Fassade (Façade), Vorderansicht (Front) eines Gebäudes.

Federn, Holzfedern, benutzt zur ~~Ausfüllung~~ von ~~Fälzen~~ (Nuten). Verbindung

Feston, Blumen- und Fruchtgehänge.

Fialen, gotische Türmchenform (Zapfen).

Fischblasenmuster, längliche, fischleibartige Form beim gotischen Maßwerk.

First, obere Dachkante.

Fliesen, Tonplatten für Wand- und Fußbodenbelag.

Gebälk, Gesamtdeckenteil über Stützen in der Architektur.

Girlande, Gehänge, Blumengewinde.
Gotischer Stil, Spitzbogenstil, Kunstform des 13.-15. Jahrhunderts.
Grat, scharfe Kante, Rippe (bei Gewölben und Dächern).
Greif, phantastische Tierform, halb Vogel, halb Tiger; aus der griechisch. Kunst.
Grotesken, phantastische Zier-(Ornament) formen, zusammengesetzt aus dem pflanzlichen und tierischen Ornament.
Heraldik, Wappenkunde.
Hermen, pilasterartige, nach unten spitzer zulaufende Stützen.
Hochrenaissance, Blütezeit der Renaissance, der Frührenaissance nachfolgend.
Hohlkehle, rinnenartige Vertiefung, Gesimsprofil.
Imitation, Nachbildung, Nachahmung.
imprägniert, getränkt, gebeizt.
Inkrustation, Verkleidung, Mosaik-Einlage.
Intarsia, eingelegte Arbeit (in Holz).
ionischer Stil, spätere griechische Kunstform. (Attische Baukunst.)
ionisches Kapitäl, mit spiral- oder volutenförmigen Deckelausläufern.
Kämpfer, Kämpfergesims, als Auflager und Anfänger für Bogen und als Zwischengesims bei Türen mit Oberlicht.
Kannelierung, rinnenartige Verzierung von Säulen- und Pfeilerschäften.
Kapitäle, Säulen- u. Pfeiler (Pilaster)-Köpfe.
Karnies, Sförmig geschweiftes Profilglied, besonders bei Hauptgesimsen (Sima).
Kartusche, Umrahmung mit rollenartigen Streifen und Lappen.
Karyatide, Stütze in Gestalt der weiblichen Figur.
Kassette, vertieftes Deckenfeld in geometrischer Form.
Kathedrale, Kirche an einem Bischofssitz.
kombinieren, zusammensetzen, zusammenfassen.
komponieren, Entwerfen eines Kunstwerkes.
Komposita - Kapitäl, zusammengesetzte Form aus dem griechisch-korinthischen und ionischen (römisch-korinthischen) Kapitäl.
Konstruktion, technische Zusammensetzung.
Kontur, Umrißlinie.
konventionell, allgemein gebräuchlich.
Kopie, Wiedergabe eines Originals (Abzeichnung, Wiederholung).
Korbbogen, elliptische Bogenform aus Kreisstücken.
Krabben, blattartige Ansätze der gotischen Giebel und Fialen.
Laibung, innere Wandung der Fenster- und Türnischen.
Lisene, senkrechter Wandstreifen
Loggia, Bogengang, offene Bogenhalle
Lotos, Lotosornament, indische und ägyptische Seerosen.
Mäander, Mäanderornamente (à la greque), speziell griechisches Bandornament.
Maßwerk, gotische Fensterteilung.
maurischer Stil, Kunstform des spanisch-maurischen Volksstammes. 8.-14. Jahrhundert.
Medaillon, Verzierungsstück in kreisrunder Umrahmung.
Metopen, quadratische Friesstücke (zwischen Triglyphen) beim dorischen Gebälk.
Mosaik, zusammengesetzte Arbeit, eingelegtes Flachornament.
Motiv, leitender Gedanke.
Nautilus, Schneckengehäuse, Irismuschel.
Nute, furchenartige Vertiefung, s. Falz.
Obelisk, Spitzsäule
Ornament, Schmuck, Zierform.
oval, eiförmig.
Palmette, palmen- und fächerförmiges Ornament.
Pantheon, Göttertempel zu Rom.
Papyrus, Wasserpflanze in Ägypten und Indien.
Parkett, Fußbodentäfelung.
Patina, Edelrost auf Kupfer und Bronze.
Pavillon, Laube.
Pfette, horizontaler Holzpfosten.
Pilaster, Wandpfeiler.
Pinienzapfen, Frucht der italien. Kiefer.
Plafond, Decke.
Plinthe, Sockel oder Basis.
Podest, Treppenabsatz.

polychrom, vielfarbig.
Polygon, Vieleck.
Portal, Tor, Tür.
Portikus, Säulenhalle, Vorhalle, Tor.
Postament, Säulen- und Pilasteruntersatz.
Profil, Zierglied, Zierleiste.
Propyläen, griechische Tempelvorhallen.
Putten, Kinderfiguren.
Quadrat, regelmäßiges Viereck.
Radius, Kreishalbmesser; *radial* strahlenförmig.
Relief, körperliches Ornament; erhabene Verzierung.
Rhythmus, Rhythmik, geregelte Reihenfolge nach bestimmtem Gesetz.
Risalit, Vorbau, Vorsprung.
Rokoko, Kunstform aus dem 18. Jahrhundert; Stil Ludwigs XV.
romanischer Stil, mittelalterliche Kunstepoche des 11.-13. Jahrhunderts.
Rose, Radfenster, Rundfenster des Mittelalters.
Rosette, rosenförmiges Ornament; besonders bei Decken.
Säule, runde Stütze.
Schablone, ausgeschnittene oder vorgezeichnete Gebrauchsform.
Schaft, Haupt-Körperteil von Säulen und Pfeilern (Pilastern).
scheitrechter Bogen, horizontale Raumüberdeckung.
Schlußstein, Keilstein in Bogenmitte, auch bei gerader Öffnungsüberdeckung.
Sgraffito, besondere italienische Wandmalerei; durch Auskratzen der Zeichnung des weißen Überzuges in schwarzem Grunde hergestellt.
Silhouette, Schattenumriß.
Sima, Rinnleiste, besonders bei Hauptgesimsen.
Skulptur, Bildhauerei.
Spindel, Treppenpfosten.
Stalaktitengewölbe, Zapfen- oder Tropfsteingewölbe.
Stele, griechischer Grabstein.
Stil (stilistisch). Eigenartige Kunstform bestimmter Richtung.
Strebe, schräge (Holz-) Stütze.
Struktur, Art der Zusammensetzung.
Stuck (Stukkatur), Gipsarbeit bei Decken und Wänden.
Sturz, horizontale Überdeckung bei Fenstern und Türen.
Symbol, Sinnbild.
Symmetrie, Ebenmaß, Übereinstimmung zweier Hälften.
Tapete, Wandbekleidung aus Stoff oder Papier.
Technik, Lehre der Kunstfertigkeit.
Textilien, Sammelbegriff für Werke, hergestellt aus Gespinst, Gewebe, Flechtwerk etc.
Torus, großer Rundstab, Wulst.
Triglyphen, Dreischlitze, kannelierte Stützen im Fries des dorischen Gebälkes.
Trophäe, Siegeszeichen, aus Waffen gebildete Verzierung.
Urne } *Vase* } Ziergefäße verschiedener Form.
Veranda, Vorbau, vorgebaute Halle.
verkröpfen, durch Kröpfe, (Eckstücke, Eckführungen) abschließen.
Vignette (Kartusche), Umrahmungs- oder freies Zierstück.
Volute, Schneckenlinie.
Voute, Deckenkehle, als Verbindung mit der Wand.
Wulst, großer Rundstab.
Zwickel, Eckstücke, Eckfüllungen.

Sachregister.